Umsteige - Fahrschein
Dienst - Fahrschein
für Straßenbahn oder U-Bahn
BVG
W 35, Potsdamer Str. 188
Raum für den Stempelabdruck bei Fahrtantritt
Fahrpreis
Umsteige-Fahrschein zum Autobus, zur Straßenbahn oder U-Bahn
Sonderfahrschein B
Bitte Rückseite beachten!
Preisstufe 1
Beförderung laut Beförderungsbedingungen
Gültig für eine Fahrt
laut Tarif
Umsteigeberechtigung! Rückseite beachten
Hch. Fasbender, Berlin SW 61
BG 039/66

Noch jemand ohne Fahrschein?

25
E. Wolliner Str.
25
Still

Noch jemand ohne Fahrschein?

Straßenbahn-Erinnerungen
von Horst Bosetzky, Alfred Gottwaldt
und einem Mann an der Kurbel

Jaron Verlag

Foto auf Seite 2:
Der Fahrer und sein Schüler. Auf der Straßenbahnlinie 25 am Tauentzien, beobachtet von dem Fotografen Will McBride im Sommer 1956. (Bildarchiv Preußischer Kulturbesitz)

1. Auflage 1997

Umschlaggestaltung: Atelier Werner Kattner, Berlin, unter Verwendung eines Fotos von Ralf Roman Rossberg
Druck und Bindung: Franz Spiegel Buch GmbH
ISBN 3-932202-16-3

Inhalt

»Einsteigen bitte und durchtreten!«

Bücher über die Berliner Straßenbahn gibt es viele und viele sehr gute, und sie sind angefüllt mit allen verfügbaren Daten über Streckenführungen und -eröffnungen, Wagentypen und Betreiberfirmen, Ober- und Unterleitungssystemen, Haltestellenschildern, Museumsfahrzeugen und vielem anderen mehr – doch etwas kommt bei ihnen allen viel zu kurz: die Menschen.

Schön, man sieht sie still und starr auf den Fotos, aber das ist auch alles, sie sprechen nicht und handeln nicht. Dabei ist doch die Straßenbahn nichts ohne ihre Fahrer, Schaffner, Betriebstechniker, Verwaltungsleute und natürlich und vor allem ihre Fahrgäste. Sie erst sind es, die ihr Leben einhauchen, und Straßenbahn ist immer auch eine Sache des Gefühls und nicht nur der (Verkehrs-)Technik.

Wie arbeiten die Fahrer und Schaffner, was bewegt sie und ihre Fahrgäste beim innerstädtischen Reisen, welche Filme laufen vor ihrem inneren Auge ab, wenn sie sich von A nach B begeben? Beim reinen Sachbuch ist das wie bei der Modelleisenbahn: Was die Fahrzeuge, die Gebäude und die Gleise betrifft, so sind sie alle wunderschön gestaltet, höchst realistisch bis hin zur winzigsten Aufschrift und zur letzten Niete, und die Züge rasen oder schleichen, je nachdem, von einem Ende der Anlage zur anderen, nur die Menschen bewegen sich nicht, sie sind aus Plastik und stehen oft jahrzehntelang unter freiem Himmel auf einem Bahnsteig herum.

Dagegen hilft nur die Literatur, das »erinnernde Erzählen«, und das eben gibt es nicht in den vorliegenden Büchern über die Berliner Straßenbahn. Um diesem Mangel etwas abzuhelfen, haben wir dieses Buch gemacht. Ich habe niedergeschrieben, was ich als Kind und als Erwachsener in und mit der Straßenbahn so alles erlebt habe und was ich mit ihr verbinde, und Klaus Reineck, der »Mann an der Kurbel«, hat Alfred Gottwaldt und mir einen Teil seiner Lebenserinnerungen als leibhaftiger Straßenbahnfahrer bei der BVG zum Abdruck zur Verfügung gestellt, wofür ihm gar nicht genug gedankt werden kann. Ebenso danken wir Dr. Norbert Jaron für sein Interesse am Metier und seinen verlegerischen Mut.

Für mich als eingeborenen Berliner ist dies ein wichtiges Stück »oral history«, Spurensicherung. Bevor ich Sie, liebe Leserin, lieber Leser, nun bitten darf, einzusteigen in die Elektrische, die Straßenbahn oder die Tram(-bahn) – ganz wie Sie wollen –, muß und möchte ich Ihnen noch einen kurzen Überblick über die Geschichte der

Berliner Straßenbahn geben. Wer sich genauer informieren möchte, der greife bitte zu der hinten angegebenen und überaus empfehlenswerten Literatur (sofern er sie nicht schon lange besitzt und somit diesen kurzen Vorspann ruhig überschlagen kann). Also …

Am 22. Juni 1865 begann alles mit der ersten Pferdestraßenbahnlinie zwischen dem Brandenburger Tor und Charlottenburg. Und nachdem Werner Siemens am 16. Mai 1881 die erste elektrische Straßenbahn der Welt ins Rollen gebracht hatte, wurden noch vor der Jahrhundertwende in weit größerem Rahmen elektrische Straßenbahnlinien in Betrieb genommen, die zuerst Berlin mit der Gewerbeausstellung in Treptow verbanden. Bis 1920, als sie sich alle zu einer Firma vereinigten, gab es dann fast zahllose Straßenbahngesellschaften, so unter anderem: die Große Berliner Straßenbahn, die Städtischen Straßenbahnen Berlin, die Westliche Berliner Vorortbahn und die Südliche Berliner Vorortbahn, um nur die größten zu nennen. Am 1. Januar 1929 schließlich wurde die BVG gegründet, und die Blütezeit der Berliner Straßenbahn begann. Von Heiligensee im Norden bis zur Machnower Schleuse im Süden, vom Spandauer Johannisstift im Westen bis zur Woltersdorfer Schleuse und Schmöckwitz im Osten bzw. Südosten spannte sich ein dichtes Liniennetz, ein Spinnengewebe aus Schienen und Weichen lag über der Stadt. Das absolute Rekordjahr war 1942, denn da wurden auf 82 Linien und 567 Streckenkilometern mit bzw. in 1617 Trieb- und 1284 Beiwagen 917,7 Millionen Fahrgäste befördert.

Und 1942, etwa vier Jahre war ich damals alt, setzen meine Erinnerungen an die Berliner Straßenbahn ein …

Die Elektrische kommt

Beginnen möchte ich mit einem Geständnis. Vielleicht versteht das nicht jeder – und jede erst recht nicht –, aber immer, wenn ich eine Straßenbahn sehe, dann gerate ich in eine erhebliche Erregung. Mein Blick geht starr in ihre Richtung, ich vergesse die Welt rings um mich herum und gerate ins Träumen. Ja, es ist eine quasi erotische Beziehung, die ich zur Straßenbahn habe, und eine Lust, in ihr zu sein, und hätte ich die Wahl zwischen einem Topmodell von Carl Lagerfeld und einem T-24-Modell von Fröwis[1], so würde ich mich mit Sicherheit für letzteres entscheiden.

Aber fangen wir von vorn an. Daß ich in einer Straßenbahn gezeugt worden bin, ist nicht gänzlich auszuschließen, aber auch durch nichts gesichert. Immerhin spräche dafür, daß mein Vater ein ziemlicher Schelm gewesen ist und schon gedacht haben könnte: Warum denn nicht im Triebwagen einmal den Trieb wagen. Aber wie denn, damals im Jahre 1937, wo die Wagen durchweg noch sehr klein gewesen sind und immer ein Schaffner aufgepaßt hat?

Woher mag sie also rühren: meine tiefe Liebe zur Straßenbahn? Etwas Frühkindliches muß es sein, da bin ich mir sicher. Und wo die erste Begegnung zwischen einer Straßenbahn und mir als Baby stattgefunden haben muß, da kann es keinen Irrtum geben: in Neukölln, in der Sonnenallee, das heißt der damaligen Braunauer Straße. Auch auf die Frage, welche Linien dort in dieser Zeit gefahren sind, gibt es eine Antwort[2]: Es waren dies die 4, 5, 6, 12, 15, 95, 98 und 148. Einige von ihnen sind die Straße in ihrer ganzen Länge entlanggefahren, andere nur das kurze Stück zwischen Pannier- bzw. Reuterstraße und Hermannplatz, einige haben sie nur kurz gekreuzt, alle aber habe ich, als die Sinne zu diesem Zweck herangereift waren, wahrgenommen und immer von neuem erwartet. Am Hermannplatz kamen noch weitere Linien hinzu: die 21, 27, 47, 58 und 63. Eine stattliche Auswahl also, und durch sie habe ich die Zahlen von eins bis neun gelernt (ohne »Sesamstraße«).

Und wie Kinder heute Automarken, so habe ich damals schnell die einzelnen Wagentypen[3] unterscheiden gelernt, ohne dabei natürlich zu wissen, unter welchen Bezeichnungen die BVG sie gebaut und registriert hatte.

Mein Lieblingstriebwagen war der T 24. Meine Vorliebe für ihn muß aus den ersten Lebensjahren herrühren, denn meine Schmöckwitzer Oma hatte ein ebenso breites Gesicht wie dieser Triebwagentyp, und was bei ihm die Nieten, das waren bei ihr die vielen Warzen.

Der Zug, mit dem die Schmöckwitzer Oma kommt. Die Sonnenallee in Neukölln mit einem Wagen des Typs T 24 auf Linie 95 im Juni 1963. (Deutsches Technikmuseum Berlin)

Straßenbahnen am Hermannplatz. Ein Neuköllner Ansichstkartenbild aus dem Jahr 1953 zeigt zwei Panzerzüge auf der Linie 47 nach Britz. (Industrie-Fotografen Klinke)

Mit einem T 24 der Linie 95 kam sie immer von Schmöckwitz zu Besuch nach Neukölln, und ich stand manchmal stundenlang an der Haltestelle Sonnenallee/Ecke Fuldastraße, um auf sie zu warten und ihr beim Tragen zu helfen, insbesondere zu Weihnachten.

Die Prägung auf Straßenbahnen ist also, wie auch anders, durch Assoziationen mit angenehmen, lustbringenden Gefühlen erfolgt. Mit der Straßenbahn ging es zu meiner innig geliebten Oma nach Schmöckwitz. Zuerst von der Haltestelle an der Fuldastraße bis zum Bahnhof Baumschulenweg mit der 95 oder der 98 und dann nach einer zwanzigminütigen S-Bahnfahrt weiter mit der 86, meiner Lieblingslinie. Dies im Kinderwagen, an der Hand meiner Mutter oder auf dem Arm meines Vaters. Und in der großen Reisetasche dieser Großmutter habe ich dann auch gesessen und Straßenbahn gespielt. Am schönsten war es, wenn sie dazu gesungen hat: »Bimm, bimm, die Elektrische kommt mit dem Kontrolleur, und wer keinen Groschen hat, der läuft hinterher.«

Aber nicht nur zur Schmöckwitzer Oma ging es mit der Straßenbahn, sondern auch zur Kohlenoma, das war die mit dem Kohlenkeller in der Manteuffelstraße. Zu der kam man Ende der dreißiger Jahre mit der 95 oder 98 bis Reuterstraße und dann mit der 4 über Pflüger-, Friedel-, Grünauer Straße und Görlitzer Bahnhof zur Wiener Straße. Die 4 war der »Ost-West-Ring«.

Glück hatte ich auch mit meiner Tante Trudchen, denn die wohnte in Siemensstadt, und diesen Stadtteil konnte man damals von Neukölln aus mit der Linie 12 erreichen, ohne auch nur einmal umsteigen zu müssen. Höhepunkt

Vor dem »Lindentunnel« der Straßenbahn im Jahre 1960. Er wurde 1916 gebaut, damit Oberleitungen auf der Prachtstraße nicht länger störten, und 1951 letztmalig durchfahren. (Deutsches Technikmuseum Berlin)

war dabei die Fahrt durch den östlichen Lindentunnel, also unter Unter den Linden hinweg. Die Straßenbahn als U-Bahn, das war die absolute Sensation für mich.

Immer wieder quälte ich als Kind meine Eltern mit dem Wunsch, zu Prauses zu fahren. »Wieso denn das? Die haben doch gar keine Kinder, mit denen du spielen kannst!« Nein, hatten sie nicht, aber sie wohnten in der Boxhagener Straße im ersten Stockwerk eines Vorderhauses, und von da hatte ich einen herrlichen Blick auf die Fahrleitung, die Stromabnehmer und die Dächer der vorüberfahrenden Straßenbahnen. Andauernd kamen die 13 und die 76 vorüber.

Eine nicht unwesentliche Rolle in unserer Familie spielte auch die Linie 68, die wir nehmen mußten, um zu meiner Tante Claire nach Lichtenberg zu kommen. Sie war eine Schwester meiner Schmöckwitzer Oma und galt als »meschugge«, also leicht verrückt, war jedenfalls durch und durch ein Original, und ich habe versucht, ihr in meinem Kriminalroman »Blut will der Dämon« ein kleines Denkmal zu setzen. Natürlich verstand ich anfangs nicht,

Berliner Straßenbahn anno 1944. Ein Triebwagen der Bauart TF 13/25 mit »verpappten« Fenstern vor den Ruinen am Alexanderplatz. (BVG-Foto)

warum die Erwachsenen immer kicherten, wenn es hieß, es sei schon ganz richtig so, daß Tante Claire an der 68 wohnte. Nun, es war die Straßenbahnlinie, welche die beiden stadtbekannten Berliner Nervenheilstätten, damals »Irrenanstalten« genannt, auf direktem Wege miteinander verband: Herzberge im Osten und Dalldorf, heute Wittenau, im Norden.

Und dann war da auch noch, ganz wichtig, die Linie 48, die zwischen Nordkapstraße und Neukölln, Schulenburgpark, im Einsatz war. Als ich knapp vier Jahre alt war, bin ich Anfang 1942 bis Mitte 1943 mit ihr tagtäglich morgens zur Arbeit gefahren und abends wieder zurück, das heißt mit meiner Mutter zu ihrer Arbeitsstelle in der Firma Schaudin & Co. Mit Büromöbeln wurde dort gehandelt, und die Chefin war ebenso die älteste Freundin meiner Mutter wie meine Patentante, was dazu führte, daß ich mich im Ladenlokal fast wie zu Hause fühlen konnte. Das tat ich dann auch und lag stundenlang im Schaufenster, genau an der Ecke Oranien- und Kommandantenstraße, um mich an den vorbeifahrenden Straßenbahnen so richtig sattzusehen. Es waren, wenn ich mich recht erinnere und die Unterlagen nicht trügen, neben der 48 noch die Linien 27, 47, 65, 92 und 93. Es war also an dieser Stelle eine ganze Menge los. Unvergeßlich war für mich der Tag, als einer der für Warschau bestimmten Triebwagen vorbeikam, einer vom Typ TF 40, denn zeigten alle anderen Straßenbahnen vorn wie hinten viermal ihre Liniennummer an, so gab es hier nur einen Nummernkasten mit einer einzigen Zahl, hoch oben auf dem runden Dach. Die 98 war es, da möchte ich wetten.

Eine Warschauer Straßenbahn am Betriebshof Müllerstraße. Dieser Wagentyp TF 40 wurde im Zweiten Weltkrieg nach Berlin geholt. (BVG-Foto)

War anfangs der T 24 mein Lieblingstriebwagen, so favorisierte ich später wie wohl alle Jungen die Triebwagen, bei denen die Fahrer nicht mehr stehen mußten, sondern schon eingebaute Sitze hatten, also insbesondere die TM 36 und die Stube-und-Küche-Triebwagen T 33 U. Standen wir an einer Haltestelle und sahen in der Ferne einen Wagen dieses Typs herankommen – zudem noch auf der Linie, die wir nehmen wollten –, dann fieberten wir und sahen uns nach allen Seiten um, »sichernd« wie Tiere beim Nahen ihrer Beute. Gab es da Konkurrenten, Gegner, Feinde, eben andere Jungen, die so aussahen, als seien sie scharf auf die freien Fahrersitze im hinteren Führerstand ...? Wenn ja, dann war zu entscheiden, ob sie stärker waren als man selber. Konnte

Straßenbahn-Fahrschule. Ausbildung der zukünftigen Herrscher über Kurbel, Bremse und Weichenstellhebel bei der BVG; etwa 1930. (ABC-Foto)

man es wagen, mit ihnen zu kämpfen? Dabei gab es eine Menge intervenierender Variablen: Hatte man selbst Vater, Mutter, Großeltern, Tanten, Onkel oder starke Freunde dabei, die einem helfen konnten, und wie war es um die Truppenstärke des Feindes bestellt? Wer hatte die günstigste Ausgangsposition, stand also näher an der Tür, wenn die Straßenbahn hielt? Und welche Strategie sollte man wählen: Gleich drängeln und sein Interesse am Sitz deutlich bekunden, oder so tun, als interessierte einen das Ganze herzlich wenig, um damit den Gegner in Sicherheit zu wiegen und ihn dann mit einem überraschenden Vorstoß von hinten zu überrumpeln? Oft aber waren solche Überlegungen mehr als müßig, denn wenn die Bahn heranrollte, stellte sich heraus, daß auf dem begehrten Platz schon längst einer saß. O diese Enttäuschung! Der ganze Tag war einem versaut. Aber schnell war die nächste Entscheidung zu treffen: Sollte man sich abwenden, stolz wie ein Löwe, der vergeblich nach dem Gnu gesprungen war, oder sollte man sich direkt hinter dem Sitz postieren und hoffen, daß sein Besitzer alsbald aussteigen würde …? Meistens ging ich in die Warteschleife.

Wenn einem aber die Eroberung des Sitzes und anschließend die Simulation des Straßenbahnfahrens gelang, dann ergab das jenes »FLOW-Gefühl«, von dem die Psychologen heute meinen, es sei das Glück schlechthin. Bei Mihaly Csikszentmihalyi ist es der Prozeß des völligen Aufgehens im Leben, des Einswerdens mit einer Tätigkeit, neben der alle anderen bedeutungslos sind, eine Hochstimmung einmaliger Art. Die nun war natürlich am größten, wenn der Triebwagen solo fuhr, einem also kein Anhänger die Sicht versperrte. Bis ans Ende der Welt hätte man so fahren mögen, und wenn das »Horst, komm, wir steigen aus!« meiner Mutter ertönte, war das immer sehr bitter für mich, ein schlimmer interruptus, zumal ich sie längst vergessen hatte.

Dicke Mäntel und schwere Stiefel. Straßenbahnfahrer der BVG mit Winterausrüstung um 1930, als es noch offene Führerstände gab. (Deutsches Technikmuseum Berlin)

Oder war es doch schöner, vorn neben dem Fahrer zu stehen und quasi aktiv mitzufahren, als hinten auf seinem verlassenen Platz allein zu sitzen und zu träumen? Man müßte, um das zu entscheiden, eine großangelegte Meinungsumfrage in Auftrag geben. Der Platz vorn neben dem Fahrer, sozusagen auf Tuchfühlung mit ihm, war nicht weniger umkämpft. Dabei gab es zwei Möglichkeiten: Links von ihm oder rechts von ihm. An seiner linken Seite zu stehen war auf alle Fälle sicherer, denn rechts war die offene Tür, und man mußte immer Angst haben, rauszufallen und entweder beim Sturz unter die Bahn zu geraten und beide Beine einzubüßen oder aber auf der Fahrbahn von einem Lastwagen erwischt und plattgemacht zu werden. Allerdings ließ sich von rechts aus die Prozedur des Weichenstellens besser verfolgen, wenn der Fahrer das Fenster aufschob, nach dem Weicheneisen angelte und dann, weit aus dem Wagen gelehnt, ewig herumfummeln mußte, um das schmale Rechteck zwischen Schiene und Weichenzunge zu finden. Auch war für diesen Stellvorgang ein enormer Kraftaufwand vonnöten.

Wo auch immer plaziert, links oder rechts vom Fahrer, man identifizierte sich voll mit ihm, war ganz er, wenn es durch die Straßen ging. Starr standen die Männer vor einem, ein paar Köpfe größer, schräg im Halbprofil wie Götter anzuschauen, Statuen, in Stein gehauen, so unendlich souverän. Jede Bewegung der Kurbel war richtig, die Geschwindigkeit immer den Gegebenheiten angepaßt, alles voll berechenbar. Und wie wichtig sie waren, wie schon die geringste Ablenkung, die auf sie zukam, für uns alle in der Katastrophe enden konnte, ersah man ja daraus, daß die Unterhaltung mit ihnen während der Fahrt strengstens untersagt war, wie oben über dem Führerstandsfenster ebenso drohend wie mahnend geschrieben stand. Im Winter trugen sie dicke Stiefel aus Filz und sahen so aus, als würden sie Blei in den Sohlen haben, um nicht umzufallen, wenn es in die engen Kurven ging. Wenn ich heute den Fahrer meiner LGB-Tram mit dem Magneten unter den Füßen an seinen Führerstand stelle, muß ich immer an diese Männer denken.

Aber auch die Schaffnerinnen und Schaffner waren Figuren, mit denen wir uns so weit identifizierten, daß wir stundenlang zu Hause herumliefen und Eltern wie Besucher nervten: »Noch jemand zugestiegen?« oder »Noch jemand ohne Fahrschein?« Richtige Fahrscheine hatten wir natürlich keine, dafür rissen wir aber die länglichen Reste wirklicher Fahrscheine ab, das heißt, die auf dem Block verbliebenen und mit einer Klammer an einer Pappunterlage festgehefteten Teile bzw. Reste. Die mußte man sich mit einer wahrhaft klassischen Frage beschaffen: »Schaffner, haste mal 'n Block?« Manchmal sagten die Älteren auch noch »Kondukteur« zum Schaffner. Das essentielle Requisit eines Schaffners war aber der Schnell- oder Galoppwechsler, jene wunderbare, auf dem Bauch getragene Apparatur, in deren Schächte man oben Münzen steckte und unten per Hebeldruck wieder herausholen konnte. So ein Wunderding zu besitzen, war der Traum eines jeden Jungen (bei den Mädchen weiß ich es nicht so genau). Für mich ist dieser Traum auch in Erfüllung gegangen, zum 50. Geburtstag habe ich einen Schnellwechsler geschenkt bekommen.

Der Galoppwechsler, gesehen 1956 von Will McBride. (Bildarchiv Preußischer Kulturbesitz)

Auch nur halb mit Münzen gefüllt, ist er verdammt schwer und zieht einem, da er ja mit einem Lederriemen über der Schulter getragen wird, das Genick ganz schön nach unten. Fast zwei Kilo wiegt mein Exemplar. Von rechts nach links sind einzuwerfen: Ein-Mark-Stücke, Fünf-Pfennig-Stücke, Groschen, Fünfzig-Pfennig-Stücke und Zwei-Mark-Stücke. Kommt man mit den Münzen durcheinander oder fallen sie nicht so in den Schacht, daß sie gleich umkippen und richtig auf den horizontal gestapelten Vorgängerinnen zu liegen kommen, gibt es ein mühseliges Gestochere. Hinter dem Blech der Geldschächte sitzen noch eine Geldtasche aus Leder mit zwei Fächern für die anfallenden Scheine und rechts der Halter für den Stempel. Dieses stammt aus Westberliner Nachkriegszeiten, wo die Fahrscheine auf diese Art und Weise zu kennzeichnen waren.

Meine größten Auftritte als Schaffner hatte ich 1943/44 im Luftschutzkeller, wo ich in den Bombennächten durch die Reihe der Kauernden ging. »Noch jemand ohne Fahrschein?« »Ins Jenseits, wat?« brummte da so mancher.

Neben dem Kassieren oblag den Schaffnern natürlich das Abklingeln. Dazu rissen sie an einem Lederriemen. Und natürlich hatte ich über unsere Küchentür, die Küche war der T 24, eine Strippe zum Abklingeln gehängt. Meine Versuche, eine längliche Öffnung in die Küchentür zu sägen, wie es sie in den echten Triebwagen gab, wurde leider im Keime erstickt und mit Bonbonentzug geahndet. Solche rechteckigen Löcher, in Halshöhe etwa, gab es bei vielen Triebwagen in den beiden hölzernen Türen, die das Wageninnere von den Plattformen vorne und hinten abschotten sollten. Solange man dort noch keine Schiebe- oder Teleskoptüren eingebaut hatte, war es in Herbst und Winter trotz der schon lange vor meiner Zeit erfolgten Rundumverglasung immer zugig und kalt. Um nun die Wärme im Wageninneren zu halten, war der Schaffner bemüht, die Türen zu den Plattformen sowenig wie möglich zu öffnen, und riß daher, wenn er die auf den Plattformen stehenden Fahrgäste abkassieren wollte, nur einen Messingschieber zurück, um durch die besagte längliche Öffnung hindurch seine obligatorische Frage zu stellen: »Noch jemand ohne Fahrschein?«

Oft aber waren die Schaffnerinnen und Schaffner mit dem Ruf »Durchtreten bitte, in der Mitte ist noch so viel Platz!« am Jammern, denn die Berliner neigten mehrheitlich dazu, immer an den Türen stehenzubleiben. Ob dieses Verhalten mit ihrer sprichwörtlichen Eile oder klaustrophobischen Ängsten zu erklären ist, mag offen bleiben. Wahrscheinlich mit beidem, denn stand jemand eingekeilt mitten im Wagen, hatte er trotz aller artspezifischen Fähigkeiten zum Drängeln wenig Chancen, rechtzeitig rauszukommen, bevor schnell wieder abgeklingelt wurde.

Und noch dreierlei hatten die Schaffner zu erledigen, das für uns Kinder in höchstem Maße faszinierend war: Das Umsetzen der Türen, das Umdrehen der Rollenstromabnehmer und das Kuppeln der Wagen am Ende des Rangiervorganges. Die meisten Triebwagen, zum Beispiel der T 24 und der T 25, die Maximum-Triebwagen TD, die TF 21 S und die T 08/24 wie auch alle älteren Beiwagen, unter anderem B 10/27 I, II und III, B 21, B 24 und B 25, besaßen nur sogenannte Umsetztüren. Alle waren Zweirichtungsfahrzeuge, und da es kaum Wendeschleifen gab, mußte beim Kehren an den Endstellen schwer gearbeitet werden. Die Türen waren auf der Seite, auf der nicht ein- und ausgestiegen werden sollte, oben mit vierteiligen Klapp-Fenstern verschlossen, in den kühleren Jahreszeiten zumindest. Im Sommer standen sie offen, und man konnte sich weit hinauslehnen, alles viel besser sehen und sich vom Fahrtwind kühlen lassen. Das war eine herrliche Sache, auch wenn man zumeist Schmutz in den Augen hatte und kräftig reiben mußte. Im unteren Teil der Einstiege sollte das Hinausfallen durch eine Art Schott verhindert werden, das in die Türrahmen eingeklinkt wurde. Beim Richtungswechsel nun mußten die Schaffnerinnen und Schaffner diese schweren Türverschlüsse von der einen Seite auf die andere schleppen und die Fenster darüber zu- bzw. aufklappen. Bei alten Maximum-Triebwagen waren zudem noch die grünen Ledersitze umzuklappen, so daß die Fahrgäste, wenn es zum Ausgangspunkt zurückging, wieder alle in Fahrtrichtung saßen. War das erledigt, hatten die Beiwagenschaffner Pause, der Triebwagenschaffner aber mußte noch die Seiltrommel abziehen, die den Stangenstromabnehmer hielt, dann mit einem Zug am Seil die Rolle vom Fahrdraht nehmen und mit Trommel und Seil um den Triebwagen herumgehen und das Ganze auf der anderen Seite in umgekehrter Reihenfolge wiederholen. Erst 1948 begann die Umstellung auf den Scherenstromabnehmer. Für mich war das ein so abenteuerliches Schauspiel, daß ich es immer wieder nachahmte und mir nur das eine wünschte: auch einmal erwachsen zu sein und einen so abenteuerlichen Beruf zu haben.

Auch das Kuppeln war aufregend. Eh das alles wieder paßte und fixiert werden konnte! Der Höhepunkt des Kehrens aber war es, wenn Schaffner und Fahrer die Beiwagen selber schieben mußten. Selten fluchte einer, fast immer hörte man sie scherzen. Oft waren die Schaffnerinnen und Schaffner ausgesprochen witzig und riefen zum Beispiel »Heringsdorf«, wenn sie an einem Fischmarkt hielten. Als sich einmal eine Frau übergeben mußte, hielt ihr die Schaffnerin die Handtasche hin.

Weniger begehrt hingegen war der Beruf des »Ritzenschiebers«. So hieß das ausgemergelte Männlein, das mit seinem Kratzutensil, einer Gießkanne und einem schmalen Besen unterwegs war, um die Rillenschienen zu säubern. War man in der Schule nicht fleißig genug, hieß es immer: »Wenn de nischt lernst, wirste Ritzenschieber.« Oder »Gullytaucher«, da hatte man die freie Auswahl.

Etwas lukrativer war der Posten des Mannes, der auf einem Hocker saß und nichts anderes tat, als Weichen zu stellen.

Ganz besonders faszinierend aber waren die

Ein Ritzenschieber. Zur Reinigung der Rillenschienen hatte der Arbeiter sein besonderes Gerät in den Gleisen entlangzudrücken. (BVG-Foto)

Weichensteller der Straßenbahn an Verkehrsknotenpunkten. Aufnahme von Carl Weinrother am Spittelmarkt, 1946. (Bildarchiv Preußischer Kulturbesitz)

Achtung, nicht in die Flamme sehen! So lautete eine bekannte Warnung der BVG an ihren Gleisbaustellen. Aufnahme um 1945. (Bildarchiv Preußischer Kulturbesitz)

Männer, die während des laufenden Verkehrs die Schienen reparierten, das heißt Schweiß- und Schleifarbeiten auszuführen hatten. Auf einem kleinen Schemel hockten sie und hatten sich gegen Autos und Menschen mit kleinen, kaum kniehohen Verschlägen aus Zeltbahn abgesichert. Die hoben sie dann an und trugen sie wie eine Krioline ein paar Meter weiter, wenn eine Straßenbahn im Anrollen war. Den Strom für ihre Aggregate bezogen sie aus der Oberleitung, die sie mit Hilfe einer langen hölzernen Stange und eines dicken Kabels angezapft hatten. Ich hatte immer Angst, daß sie einen Schlag kriegen und verschmoren würden. Ihre Flamme, in die man niemals sehen durfte (»Sonst wirst du blind!«), war vom blauweißen und heißen Licht der Sterne. Die hatte man dann auf der Netzhaut, wenn man die Augen schloß. Sehe ich heute den Sirius, muß ich noch an diese Szenen denken. Die Schweißer selber hatten ja ihre Brillen und ihre Schilde, und oft spielte ich das an unserm Gasherd nach, was sie da machten. Genauso schön aber war der Funkenregen, wenn dann die Schleifscheiben zu rotieren begannen: Wie zu Silvester kam mir das vor.

Viel mit der Straßenbahn zu tun hatte auch ein Nachbar meiner Schmöckwitzer Oma: Der war nämlich Schildermaler. Gleich nach dem Kriege hatte er die Zielschilder auch mit russischer Schrift zu bemalen, wobei ihm die kyrillischen Buchstaben viel Mühe machten. Nachher konnte er das deutsche N nur noch falsch herum schreiben, also der Querbalken von links unten nach rechts oben. Vorn und hinten an Trieb- und Beiwagen hatte er zur Warnung an die alliierten Autofahrer viersprachig zu malen: »Don't pass by the left! Ne pas doubler par gauche! Не перегонять слева! Nicht links überholen!«

Gleich nach dem Kriege war sowieso am meisten los. Öfter mal mußte man aussteigen und durfte dann zusehen, wie die erwachsenen Fahrgäste wie das Personal den ganzen Straßenbahnzug über einen stromlosen Abschnitt schoben. Die meisten Fenster waren mit Holz und Pappe vernagelt, nur kleine Sehschlitze gab es noch. Das war immer ein bißchen unheimlich. Oft war es auch dunkel in den Wagen, weil die Leute die Glühbirnen rausgeschraubt und geklaut hatten. Nachher steckten sie dann alle in Drahtgittern, die starke Ähnlichkeit mit Maul-

Pappfenster und Trümmer. Ein Hawa-Triebwagen der BVG auf der Linie 74 vor dem Columbushaus am Potsdamer Platz; April 1947. (Landesbildstelle Berlin)

körben hatten. Immer wieder fehlte auch das Kunstleder auf den Sitzen. Meine Schmöckwitzer Oma hatte einmal ein großes Stück rotes Sitzleder aus einem T 24 gegen einen Stubben aus ihrem Garten eingetauscht, um mir daraus Hausschuhe zu nähen. Gern trug ich sie nicht. Vielfach fuhr man nur durch eine einzige Trümmerwüste, zum Beispiel mit der 21 durch die Gegend am Lehrter Bahnhof, wenn wir zum Fußball ins Poststadion wollten.

Das alles wurde natürlich zu Hause und im Garten nachgespielt. Irgendwie war es meinem Vater, als er aus der Kriegsgefangenschaft heimgekehrt war, gelungen, per Tausch gegen eine alte Radioröhre an etwa vier Meter HO-Schienen und einen Güterwagen heranzukommen. Das war ein zweiachsiger Bierwagen aus weiß bedrucktem Blech mit Bretterimitation. Darüber hinaus zierten ihn ein Mohrenkopf und die Aufschrift »Tucherbräu Nürnberg«. Dieser Wagen nun war mein T 24, der mal als 86 zwischen Grünau und Schmöckwitz und mal als

95 zwischen Hermannplatz und Baumschulenweg im Einsatz war. Auf den Knien schob ich ihn immer von neuem hin und her. Später kam ein Langholzwagen hinzu: mein Maximum-Triebwagen. Im Garten in Schmöckwitz setzte ich dann U-Bahnwagen, die mir mein Vater aus Sperrholz gebastelt hatte, als Straßenbahn ein. Der Gleisbau kostete viel Zeit und Kraft: Zuerst war mit dem Spaten die Trasse durch den Zuckersand zu ziehen. Sie wurde dann mit »Beton« ausgegossen, also »Eierpampe«. War die in etwa ausgehärtet, wurden mit einem Zweiachser meterweise Rillenschienen hineingefräst. Das bewährte sich durchaus. Man mußte nur aufpassen, daß die Erwachsenen nicht mit einem Fußtritt alles wieder zunichte machten.

Auf unserem Balkon in Neukölln hatte ich mir den Führerstand eines T 24 nachgebaut. Dieser Balkon hing wie ein Schwalbennest an der Fassade unseres Hinterhauses, und vom dritten Stockwerk aus hatte man einen weiten Blick über drei Hinterhöfe. Die Kurbel war ein Teil des am Blumenkasten angeschraubten Fleischwolfs meiner Mutter und ließ sich wunderbar bedienen. Einmal gelang es mir auch, aus einer Ruine den Teil einer herabgefallenen Decke nach Hause zu schleppen. Wenn man mit dem Hammer den Stuck abschlug, kam jede Menge Draht heraus, den ich zum Bau einer Fahrleitung nutzte. Zwar war der Wohnzimmerteppich total versaut und der Balkon nicht mehr benutzbar, aber ich war stolz auf das Spinnennetz, das ich da gezogen hatte. Ein Schneebesen diente als Stromabnehmer. Zwar wurde ich später zur Strafe eine Stunde in die Toilette gesperrt, aber trotzdem war es schön.

Selbstverständlich war die Straßenbahn auch eine ständige Versuchung, »Dummheiten« zu machen. Harmlos war es, Groschen auf die Schienen zu legen und sich dann hinterher zu freuen, wie platt sie waren. Den Geldstücken folgten aber über kurz oder lang mehr oder minder große Steine. »Mal seh'n, ob se entgleist …« Spannend war es schon. Da lag man dann irgendwo auf der Lauer und wartete, in Schmöckwitz hinter dem Gartenzaun, in Neukölln bei Klassenkameraden mit einer Parterrewohnung, hinter dem Fenstersims. Wie das dann rumpelte und der Fahrer so abrupt bremsen mußte, daß sein Fanggitter auf den Boden knallte. Noch größer war der Effekt, als die großen Chemiker unter uns etwas mixten, es in Stanniolpapier wickelten und dann auf die Schienen legten. Es gab richtige kleine Explosionen, und die Leute schrien auf.

Für die Größeren war es eine Sache der Ehre, nicht normal ein- oder auszusteigen: Sie konnten nicht anders, als während der Fahrt auf- oder abzuspringen. Der war der kühnste Krieger, dem das bei der größten Geschwindigkeit gelang. Als besonders pfiffig galten die, die nicht bezahlten, sondern auf der Rückseite der Bahn, gegenüber vom Einstieg also, auf dem Trittbrett standen, eine Hand lässig am Griff. So mutig war ich nie, denn einen »ab'en« Fuß wollte ich nicht haben.

Zwei wichtige Daten symbolisieren, wie das Straßenbahnnetz in Berlin auseinanderbrach. Nach der Währungsreform teilte sich die BVG zwischen Ost und West auf. Zwar fuhren die Züge noch über die Sektorengrenze, aber seit dem 24. März 1949 wechselten dort die Schaffner: Die einen kassierten Westgeld, die ande-

Aufgereiht in der Kurve. Die Endhaltestelle der Linie 26 am Spreewaldplatz im Juli 1963 mit Triebwagen des Typs T 24. (Deutsches Technikmuseum Berlin)

ren Ostgeld, und die Fahrscheine galten noch durchgehend. Zum endgültigen Bruch in der aufgeheizten Stadt kam es am 16. Januar 1953, weil der Westen die Fahrberechtigung von Frauen auf der Straßenbahn nicht anerkannte. Nun endeten auf beiden Seiten die Linien an der Sektorengrenze, und bis zum Bau der Mauer am 13. August 1961 war der Fußmarsch zwischen den beiden Endstellen ein Teil des Straßenbahn-Alltags.

Die meisten der Liniennummern lassen bei mir sofort Assoziationen aufflammen. Mit der 2 bin ich Mitte der fünfziger Jahre oft nach der Schule vom Hermannplatz zu meiner Kreuzberger Oma gefahren, ebenso wie mit der 26 und der 27. In den letzten Jahren vor ihrer Einstellung befand sich eine ihrer Endhaltestellen am Görlitzer Bahnhof, am Spreewaldplatz, wo sie immer aufgereiht in der Kurve standen. Einmal habe ich sie so hingegeben angestarrt, daß mir ein Hund unbemerkt gegen die Hose pinkeln konnte. Und die 3: Fast jeden Morgen sprang unsere allseits gefürchtete Deutsch- und Lateinlehrerin in der Kurve zur Hobrechtstraße verbotenerweise vom Beiwagen, um sich den Weg von der Haltestelle zu ersparen, und es

Linie 44 E in Charlottenburg. Kein Verbundzug, sondern ein Wagen des Typs T 24 in der Wilmersdorfer Straße/Ecke Kantstraße, um 1953. (Industrie-Fotografen Klinke)

soll unter den Schülerinnen und Schülern welche gegeben haben, die … Nein, sie lebt heute noch.

Mit der 6 kam man von Neukölln zum Zoo, und deren Züge bestanden oft aus den klobig-imposanten Hawa-Trieb- und Beiwagen. Mit der 25 ging es vor der Verlängerung der Linie C vom U-Bahnhof Seestraße zu Tante Martha und Onkel Erich nach Tegel. Mit der 27 und der 47, dem »Wüsten-Expreß«, gondelte ich oft mit den Mannschaftskameraden vom 1. FC Neukölln in den tiefen Süden hinunter, um auf den Fußballfeldern von Britz-Buckow-Rudow große Schlachten zu schlagen. Die 44 hatte wunderschöne Verbundtriebwagen, und während meiner Lehrzeit bei Siemens, als ich im Vertriebsbüro in der Wilmersdorfer Straße sitzen und leiden mußte, habe ich ihnen oft sehnsuchtsvoll hinterhergesehen. Und mit der 44 ging es auch zum Richard-Wagner-Platz, wo in die 55 umzusteigen war, um zur Werkschule nach Siemensstadt zu kommen. Auch fuhr sie durch die Hildegardstraße, und ich konnte mit ihr nach Arbeitsende zu meinem Freund Gerhard in die Koblenzer Straße fahren. Mit der 55 kam man auch vom Zoo nach Hakenfelde, wo Tante Eva mit ihrer Familie zu Hause war, unter anderem Curt und Püppi. Die 87 brachte uns zu Waldemar, der Imker war und viele Bienenstöcke hatte, nach Rahnsdorf. Mit der 94 fuhr ich anderthalb Jahre lang depressiv und maulig die Sonnenallee und den Kottbusser Damm entlang, um mit der Hochbahn zu Siemens zu kommen, nur dadurch aufgeheitert, daß es mit den Stube-und-Küche-Wagen oft mächtiges Theater gab. Standen nämlich viele Fahrgäste auf der stark überhängenden vorderen Plattform und stand hinten niemand, dann schrammte der Wagen vorn über das Pflaster, und der Fahrer schrie entnervt, daß wir uns doch bitte verteilen sollten, sonst würde er nicht weiterfahren. Mit der 95 konnte man, wenn man die etwas schnellere S-Bahn und das viele Treppensteigen vermeiden wollte, von der Sonnenallee direkt bis Köpenick, Lindenstraße, fahren und dort in die 86 nach Schmöckwitz umsteigen. In einer Klinik in der Lindenstraße bin ich zur Welt gekommen, wohl in dem Augenblick, als davor die 95 und die 187 aneinander vorbeigerauscht sind.

Natürlich, aber auch leider habe ich keine Statistiken geführt, mit welchen Linien ich

Maximum-Triebwagen auf der Schmöckwitzer Uferbahn. Hans Hartmann fotografierte 1962 den Zug der Linie 86 am S-Bahnhof Grünau. (Deutsches Technikmuseum Berlin)

Ein breiter Großraumzug. Triebwagen 8001 mit Beiwagen 3001 der BVG-Ost an der »Regattastrecke« in Grünau, 1954 beobachtet. (Deutsches Technikmuseum Berlin)

am meisten gefahren bin, wahrscheinlich aber mit der 86, meiner absoluten Lieblingslinie. Die wurde im März 1912 als »Schmöckwitz-Grünauer Uferbahn« in Betrieb genommen, und zwar mit drei Benzoltriebwagen der Firma Siemens und Schuckert. Deren No. 1, lila, grün und ocker angestrichen und mit der Aufschrift »Continentale Eisenbahn-Bau- und Betriebs-Gesellschaft« versehen, hängt heute als Ölgemälde eines naiven Berliner Malers bei mir im Zimmer.

Anfangs hatte man, nach der kurzen Episode der Benzoltriebwagen, eigene Trieb- und Beiwagen, die stark an west- und süddeutsche Überlandbahnen denken lassen. Ich kann mich aber nur an den mit Girlanden geschmückten T 24 erinnern, der im Oktober 1945 als erster nach dem Krieg wieder von Grünau nach Schmöckwitz gefahren ist. Danach aber gab es Zweiachser nur als »Einsetzer«, wenn an heißen Sommertagen alles zum Baden wollte, zum Strandbad Grünau oder zur Schmöckwitzer Badewiese. Da war es dann mitunter so krachendvoll, daß die Bahn bis Regattahäuser nur so dahinschlich, damit die Schaffner Zeit zum Abkassieren hatten. Und wenn es dann abends nach Hause ging, mußte man bis zur Endhaltestelle zurückfahren, also zuerst in die verkehrte Richtung, um mitzukommen. Die Hauptlast trugen vierachsige Wagen, mehrfach umgebaute Maximum-Triebwagen. Ab 1953 testete die BVG-Ost auf der 86 ihren ersten, bei LOWA in Werdau gebauten Großraumzug (Triebwagen 8001 und Beiwagen 3001), der mit 2,50 Metern so breit war, daß man die Masten, die bislang zwischen den beiden Streckengleisen gestanden hatten, nach außen versetzen und auch den Gleismittenabstand verändern mußte. Außerdem wurde am S-Bahnhof Grünau extra eine Schneise in den Wald geschlagen und eine Wendeschleife angelegt, weil der Zug für die engen Köpenicker Straßen viel zu breit war und es sich dazu auch noch um ein Einrichtungsfahrzeug handelte, und weiterhin wurde in Schmöckwitz zwischen der Goulbierstraße (heute Am Seeblick) und der Wendeschleife am Dorfanger das zweite Gleis abgebaut, weil das Adlergestell (die frühere Berliner Straße) hier für die Begegnung zweier solcher Großraumzüge viel zu schmal war. Um Zusammenstöße zu vermeiden, brachte man am Anfang und am Ende der nun eingleisigen Strecke eine Ampel an. Das war für mich wie für alle Besucher unseres Grundstückes sehr praktisch, denn nun brauchte man erst zur Haltestelle zu laufen, wenn die Ampel rot zeigte, also oben in Alt-Schmöckwitz eine Bahn abgefahren war. Aber irgendwie muß das Experiment mit diesem Straßenbahn-Jumbo schiefgegangen sein, denn er verschwand trotz des Riesenaufwandes schon nach wenigen Jahren wieder in der Versenkung und ist meines Wissens nach auch ein Unikat geblieben. Dafür tauchten dann ab 1958 andere Großraumzüge auf, nur 2,20 Meter breit und vom VEB Waggonbau Gotha hergestellt, die den Verkehr bis zum Sommer 1996 übernahmen. Wegen der zu schwachen Stromversorgung konnten so lange keine Tatra-Züge eingesetzt werden. Nach der Wende wurde dann idiotischerweise aus der 86 die 68, für mich ein Beispiel mehr dafür, wie barbarisch ein Teil unserer Berufspolitikerkaste mit der Berliner Geschichte umgeht und nichts unversucht läßt, die Stadt auch in unseren Köpfen zu zerstören. Die 86, deren Gleise zwischen Regattahäuser und Karolinenhof unmittelbar am Langen See entlangführen – den Müggelbergen gegenüber –, ist nicht nur die schönste der Berliner Straßenbahnlinien, sie ist auch eine Institution gewesen.

Ich habe sie einem Diorama[4] nachgebaut und schiebe nun, da ich auf die 60 zugehe, wieder meine Straßenbahn umher, diesmal allerdings ein Modell von Fröwis. Gerade trifft ein Maximum-Triebwagen der 86 vor dem S-Bahnhof Grünau mit dem »Apfelsinchen« zusammen, dem orangefarbenen TE 42, einem 1942 umgebauten Mitteleinstiegswagen mit Fahrgastfluß. In Wirklichkeit hat eine solche Begegnung sicherlich nie stattgefunden, leider nicht. Aber wenn ich Straßenbahn spiele, dann geht das eben. Ich berausche mich also an meinen Modellen oder sehe mir voller Wehmut die Bilder an, in denen sie, meine vielen Vielgeliebten, noch jung und voller Leben waren. Und natürlich schaue ich mir immer wieder alle alten Filme an, auf denen sie zu sehen sind, voll in »action«.

Die Straßenbahn durfte natürlich auch in meinem 1995 erschienenen Buch »Brennholz für Kartoffelschalen« nicht fehlen, den Erinnerungen eines sogenannten Schlüsselkindes aus dem Nachkriegs-Neukölln. Bei jeder sich bietenden Gelegenheit lasse ich Manfred Matuschewski, meinen jungen Helden, mit der Straßenbahn durch Berlin kutschieren. Und wie das Leben so spielt, eines Tages erhalte ich den Brief eines alten Straßenbahnfahrers, der den Roman gelesen hat und sich freut, seine Strekken und seine Triebwagen wiedergefunden zu haben. Er schickt mir Bilder und Ergänzungen, wir telefonieren miteinander, und als er mich besucht, entsteht die Idee zu diesem Buch.

Es gibt einige hervorragend gemachte Nachschlagewerke über die Berliner Straßenbahn – Sie finden sie weiter hinten alle aufgelistet –, aber nichts, wie eingangs bereits erwähnt, das persönlich ist und vom Gefühl ausgeht, das die Menschen zeigt, die der Straßenbahn doch erst Leben geben.

Dagegen hilft, wie gesagt, nur die Literatur, das »erinnernde Erzählen«, wie Klaus Reineck, so heißt »mein« Straßenbahnfahrer, und ich es versuchen, die »narrative Selbstbefragung«.

Steigen Sie ein, Klaus Reineck steht schon an der Kurbel, fahren wir mit ihm seine Lieblingsstrecken ab.

Der Mann an der Kurbel

Klaus Reineck wurde im Januar 1928 in Berlin-Charlottenburg geboren und ist in Baumschulenweg aufgewachsen. Seine mittlere Reife hat er 1944 gemacht und arbeitete dann ein Jahr bei der Eisenbahn. Nach Kriegsende konnte er nicht weiter zur Schule gehen, denn der Vater war vermißt, und er mußte, als seine Mutter eine Beschäftigung gefunden hatte, auf die Geschwister aufpassen. Anfangs wurde er zu Aufräumungsarbeiten auf dem Görlitzer Bahnhof eingesetzt, suchte dann aber bald nach einer richtigen Arbeit, was jedoch zu dieser Zeit sehr, sehr schwer war. So kam er im Herbst 1945 auch zur BVG-Hauptverwaltung und sah am Eingang ein großes Schild mit der Aufschrift »Personal wird nicht eingestellt«. Und wäre er da nicht ganz besonders pfiffig gewesen, könnten wir uns heute nicht an seinen Straßenbahn-Erinnerungen erfreuen. Als ihn nämlich der Pförtner wieder wegschicken will, fällt sein Blick auf den Namen des Personalchefs, der sich auf dem besagten Schild ganz unten findet, und er sagt, dieser Herr hätte ihn zu sich bestellt. Tatsächlich wird er vorgelassen. Der Chef durchschaut ihn schnell, wirft Klaus Reineck aber nicht hinaus, sondern sagt, daß man solche Leute bräuchte, und sorgt dafür, daß er zum 4. Oktober 1945 tatsächlich eingestellt wird. Später absolviert Klaus Reineck eine dreijährige kaufmännische Lehre bei der BVG und ist auf einer Ostberliner Dienststelle tätig. Die Frau, die er 1950 heiratet, ist Schaffnerin und wohnt in Westberlin. Alles ist furchtbar kompliziert, und um auf legalem Wege in den Westen zu kommen, muß Klaus

Der Mann an der Kurbel. Fahrer Klaus Reineck 1953 in einem Pendelwagen der Bauart TM 31 U auf Linie 47 an der Endhaltestelle Rudow, Stadtgrenze. (Privataufnahme)

Reineck in den Fahrdienst gehen, wird zuerst Schaffner und anschließend Fahrer auf dem Betriebshof Britz. Was er dort erlebt hat, schildert er uns auf den nachfolgenden Seiten in verschiedenen Episoden. Wir erleben ihn bei der ersten Tour am Morgen und bei der letzten Runde in der Nacht, zittern mit ihm, wenn die Bremsen versagen und schwere Unfälle drohen, teilen mit ihm den Hofdienst und erfahren alles über seine Lieblingslinien und -wagen.

Die Welt der Straßenbahn derart intensiv und plastisch aus der Sicht eines Fahrers zu erleben, ist ein nie gekanntes Vergnügen. Da erfüllt sich der Kindertraum, selbst an der Kurbel zu stehen.

Klaus Reineck war mit Leib und Seele Straßenbahnfahrer, und ich freue mich, daß wir ihm und allen Kollegen hiermit ein kleines Denkmal setzen können. Als die Einstellung der Straßenbahn in Westberlin beschlossene Sache war und man die gute alte Elektrische gezielt herunterkommen ließ, stand für ihn fest, daß er nicht länger bei der BVG bleiben wollte. »Auf keinen Fall auf einen Bus!« rief er damals aus. Den Bussen als »Straßenbahnkillern« galt (und gilt) seine ganze Abneigung. So bewarb er sich 1961 bei der Post und wurde dort auch eingestellt, seine Liebe zur Straßenbahn blieb aber erhalten.

Seinen heiter-besinnlichen Erinnerungen an seine Zeit als Fahrer stellt Klaus Reineck noch ein kleines Vorwort voran und ruft uns auch den Stadtring ins Gedächtnis, auf dem er selber nicht gefahren ist, sondern auch nur gefahren wurde.

… keine Operettenbühne

So wie in allen anderen Berufen auch war bei unserer Straßenbahn keinesfalls alles eitel Sonnenschein und Freude. Es gab bittere Stunden und böse Tage genauso wie lustige Begebenheiten und Freude am Dienst. Erinnerungen sollen weder eine Schönfärberei vergangener Zeiten noch eine Kritik an längst überwundenen Unzulänglichkeiten sein. Darum bemühe ich mich, so sachlich wie nur irgend möglich zu berichten, denn der Dienst auf Berlins Straßen war in jenen Jahren tatsächlich sehr viel härter, als es in nachträglichen Betrachtungen manchmal durchklingt.

Die Berliner Straßenbahn der Nachkriegszeit war bis zu ihrer Einstellung durchaus keine Operettenbühne, sondern ein sehr rauhes und für heutige Begriffe manchmal sogar primitives Arbeitsfeld. Primitiv deshalb, weil man aus öffentlicher und politischer Gegnerschaft heraus nicht das Geringste getan hat, um die Straßenbahn an modernen technischen Errungenschaften und Entwicklungen des wirtschaftlichen Wohlstandes teilhaben zu lassen, wenigstens in Berlin nicht.

Natürlich wurden die Fahrzeuge in Ordnung gehalten und die Betriebsanlagen gewartet, um die erforderliche Sicherheit des Betriebes zu gewährleisten, aber mehr nicht. Die Straßenbahn sollte alt sein und im Gegensatz zur technischen Entwicklung anderer Verkehrsträger, besonders des Autobusbetriebes und des Individualverkehrs, immer mehr veralten, damit ihre Abschaffung auch der einfachen Bevölkerung gegenüber (bei der sie relativ beliebt war) einigermaßen plausibel erklärt und gerechtfertigt werden konnte.

Erinnerungen an den Stadtring

Ganz alte, alte und ältere Berliner kennen ihn noch, den Stadtring – die Straßenbahnlinie 1.

Er war damals schon deshalb eine der bekanntesten Straßenbahnlinien in unserer Stadt, weil er die dichteste Wagenfolge aller Linien hatte, von denen es zeitweise bis zu 90 Stück gab. Zunächst mit einer Zugfolge von sieben bis acht Minuten betrieben, wurde der Abstand nach Gründung der BVG auf sechs Minuten verkürzt. Dafür fiel der Beiwagen weg. Bei einer Fahrzeit von 60 Minuten waren so in jeder Richtung zehn Triebwagen (in den dreißiger Jahren ausschließlich T 24) rund um die Uhr ohne Pause im Einsatz, die alle vom Betriebshof Kreuzbergstraße aus eingesetzt wurden.

Die Pausen für das Fahrpersonal wurden durch Übersteiger am Halleschen Tor ermöglicht, das heißt, man wurde nach zwei oder drei Runden abgelöst, machte zwölf oder 18 Minuten Pause und löste dann ebenfalls wieder ab.

Der Sinn aller Ringlinien war es, die Innenstadtteile miteinander zu verbinden, ohne umsteigen zu müssen. Der Stadtring allerdings verband alles, was es nur zu verbinden gab: die Wohngebiete, die er durchfuhr, mit den Einkaufszentren in der Innenstadt, mit den Fernbahnhöfen – Anhalter, Potsdamer, Stettiner und Schlesischer Bahnhof –, diese wiederum untereinander, die Sehenswürdigkeiten der alten Reichshauptstadt, zahlreiche Museen und schließlich die beiden großen Erholungsgebiete mitten in der Stadt, nämlich den Tiergarten und den Friedrichshain.

Der Stadtring war auch die Linie mit dem häufigsten Fahrgastwechsel und daher für die BVG außerordentlich rentabel. Hat man in jener Zeit den Groschen dreimal umgedreht, ehe man ihn ausgab, so stieg man am Halleschen Tor oder in der Gitschiner Straße doch ganz gern in die 1, um zum Potsdamer Platz zu fahren, ehe man die ganze Stresemannstraße herunterpilgerte. Und der Stadtring reizte ja geradezu zur Verschwendung von Fahrgeld, weil er eben alle Augenblicke kam, und man nicht erst – wie auf die 15, 21, 24 oder 25 – eine Viertelstunde warten mußte. Die eine Haltestelle in die Zossener, Blücher- oder Großbeerenstraße hinein lief man dann ohne zu murren, weil man meistens sein Endziel mit einer Teilstrecke allein sowieso nicht erreichen konnte.

Es hat Leute gegeben, besonders Besucher von auswärts, die mit dem Stadtring für 25 Pfennige in einer Stunde um das gesamte Berliner Stadtzentrum herumfuhren und dabei erstaunliche Studien machen konnten. Großstadttrubel, imposante Bauten und Weltstadt-Flair auf der einen, Armenviertel, Industrielandschaft und Halbwelt (die Gegend zwischen Frankfurter Allee, Andreasstraße, Schlesischer Bahnhof bis ungefähr zum Kottbusser Tor ist gemeint) auf der anderen Seite bekam der Fahrgast dieser Linie mit den zwei Gesichtern geboten.

Im Kriege änderte sich dann alles schlagartig, so ab 1941/42. Die Kaufhäuser hatten nichts mehr zu bieten, Berlinbesucher gab es nur zum Arbeiten in den Rüstungszentren (und die lagen nicht am Potsdamer Platz), und der private Reiseverkehr nahm mehr und mehr ab.

Als dann der Straßenbahnhof Kreuzbergstraße geschlossen wurde, mußte der Stadtring nach Tempelhof umziehen und wurde überwiegend mit einzelnen Verbundwagen gefahren – allerdings nicht mehr alle sechs Minuten, sondern nur noch alle zehn bis 15 Minuten, der Betrieb aber wurde bis zum bitteren Ende aufrechterhalten.

Nach dem Kriege war die Linie 1 die einzige Linie,

die noch einmal für kurze Zeit als Ringlinie, als Stadtring gefahren wurde.

Am 10. 12. 1947 war der Stadtring wieder da, und – welch ein Kuriosum – er verband auch wieder. Nein, keine Sehenswürdigkeiten, die gab es nicht mehr, keine Einkaufszentren, sie waren entweder zerstört, oder es gab dort nichts mehr zu kaufen. Auch die Fernbahnhöfe kamen ohne den Stadtring aus, denn die wenigen Reisenden, für die ein paar Züge täglich zugelassen waren, brauchten keine Straßenbahn, um zum Bahnhof zu kommen.

Nun verband der Stadtring die bedeutendsten Schwarzmärkte Berlins untereinander. Sie entstanden hauptsächlich dort, wo die verschiedenen Sektoren einander berührten, besonders am Potsdamer Platz hatte man gleich drei Sektoren zum Ausweichen, wenn von einer Seite her eine Razzia durchgeführt wurde. Nicht wenige Schwarzhändler benutzten dann den Stadtring, um vom Potsdamer Platz zum Brandenburger Tor, zum Rosenthaler Platz bzw. zur Brunnenstraße oder zur Schillingbrücke auszuweichen.

Am 15. 1. 1951 fiel dann auch der Stadtring den politischen Verhältnissen zum Opfer, wurde auseinandergerissen und als einfache Linie 1 im Ostteil unserer Stadt weiterbetrieben.

Dienstbeginn auf der Linie 47

Eigentlich war ich gar nicht so sehr böse, wenn morgens um 2 Uhr 30 der Wecker klingelte und damit die Nacht vorbei war, wenigstens in den Sommermonaten nicht; im Winter war das frühe Aufstehen schon etwas problematischer.

Nach der üblichen Morgentoilette und dem Frühstück ging es dann zum Nachtbus 19E, der am Schlesischen Tor seine Endstelle hatte, dort um 3 Uhr 30 abfuhr und am Hermannplatz Anschluß an den Nachtwagen der Linie 27E herstellte. Dieser steuerte dann den ersehnten Arbeitsplatz an und traf um 3 Uhr 54 an der Britzer Gradestraße ein. Ich hatte den ersten Zug der 47 nach Rudow zu fahren und hätte es vielleicht auch noch mit dem nächsten Mannschaftswagen knapp geschafft, aber erstens hatten wir ja 20 Minuten bezahlte Vorbereitungszeit, und dann mochte ich es nicht, morgens früh schon zu hetzen und auf den allerletzten Drücker zu erscheinen.

Sowohl im Autobus als auch nachher im 27E traf man um diese Zeit noch verhältnismäßig wenig Kollegen, denn Frühdienste, die derart früh anfingen, gab es nicht allzu viele. Die meisten Züge fuhren zwischen 4 Uhr 40 und 5 Uhr 30 vom Hof, und da genügte dann auch noch ein späterer Mannschaftswagen.

Der erste Weg auf dem Hof führte in den Fahrerraum zur Turnustafel, um zu sehen, ob nicht etwa ein Zettel am Namen war, der zu einem Besuch beim Vorsteher oder dergleichen einlud, oder ob nicht gar das erwartete Turnusfrei inzwischen mit einem Dienst besetzt worden war, was in jenen Jahren leider nicht selten vorkam. Auch der Spätdienst nach dem Frei wurde noch einmal verglichen, und ich habe mir auch gern vorher schon angesehen, mit welchen Schaffnern ich zusammen fahren würde, denn es gab auch hier, wie überall, so'ne und solche. Mit manchen, oder vielmehr mit den meisten, machte der Dienst Spaß, aber einige sah ich auch absolut nicht gern.

Nun, an diesem Morgen wurde ich nicht enttäuscht. Mein Triebwagenschaffner war ein netter, junger und sehr flinker Kollege namens Bernd, das lustigste Haus vom ganzen Betriebshof Britz, den

Auf dem Stadtring. Ein Straßenbahnwagen der Bauart T 24 am Potsdamer Platz, aufgenommen von Willy Pragher am 20. Januar 1934. (Deutsches Technikmuseum Berlin)

ersten Beiwagen fuhr eine ältere, aber ebenfalls flinke Schaffnerin, die ich noch vom Betriebshof Treptow her kannte, und als zweiter Beiwagen hing später ein alter Veteran namens Maxe P. dran, der noch aus der Zeit der Großen Berliner Straßenbahn stammte (er stand auch kurz vor dem Ruhestand). Ich traf Bernd schon im Fahrerraum, er hatte auch gerade nachgesehen, mit wem er fuhr, und wir strebten nun der Wagenhalle zu. Der Tag versprach sonnig und heiß zu werden, und ein leises Bangen, auf einem Panzerwagen schwitzen zu müssen, beschlich uns. Das war eigentlich jedesmal so, wenn man die 47 hatte, denn die Triebfahrzeuge auf dieser Linie waren sehr unterschiedlich in ihrer Annehmlichkeit. Schon von weitem sah ich einen Vielstufer und einen Panzerzug nebeneinander stehen. Links oder rechts war hier die Frage, aber wir hatten Glück: Der T 24/49 mit der Nummer 6171 war unser Triebwagen, und dann ein solches Schaffnergespann, ich war rundum zufrieden!

Nun kamen die Routinearbeiten, wobei mir Bernd tüchtig half: Beiwagen anhängen, Bremskabel einhängen, Lichtverbindung herstellen und Licht in Trieb- und Beiwagen prüfen, Fangvorrichtung prüfen, Bremssand ergänzen und feststellen, ob alle erforderlichen Schilder vorhanden waren. Der Fahrer hatte sich zu überzeugen, daß der Zug in einwandfreiem Zustand war und nicht etwa Beschädigungen aufwies, der Schaffner hatte die Sauberkeit innerhalb des Wagens zu prüfen.

Kurz vor der Abfahrtzeit kam der Rangierer durch die Halle und rief mir schon von weitem zu: »Du, hast du den ersten 47iger? Müßt 'n Moment warten, die Lotte hat den Mannschaftswagen verpaßt und kommt 34 mit dem nächsten 6er.« Na ja, fünf Minuten nach halb fünf kam sie dann über den Hof gejagt. »Ach Jottekin, ach Jottekin, jrade vor

Vor dem Ausrücken am Morgen. Blick in die rechte Wagenhalle des Betriebshofs Britz mit Zügen der Linien 15, 47 und 26 im Jahr 1962. (BVG-Foto)

de Neese weg ist er mir jefahrn, aber der Willem hat mir ooch wirklich nich jesehn, ich war'n bißchen knapp dran.« – »Nu man langsam, Lottchen, wir kommen immer noch hin, dein Wagen ist fertig, rin in de Badewanne und ab jeht's.«

Erst mal langsam über die Weichenstraßen vom Hof herunter in die Gradestraße. An der Hermannstraße bzw. am Britzer Damm stiegen zwei Fahrgäste zu, und hinter der Kreuzung ging's dann ab, »schlanken Walzer – alle Elfe«. Am Buschkrug stieg noch jemand zu, aber meine Schaffner sagten mir alsbald, wo die paar Fahrgäste aussteigen wollten, damit sie nicht ständig das Durchfahrzeichen geben mußten.

Und nun fuhren wir mit voller Kraft in den frischen Morgen hinein und der aufgehenden Sonne entgegen. Das klingt zwar ein bißchen pathetisch, aber solche Fahrten waren ja auch jedesmal ein Erlebnis, das nicht im Dienstplan vorgesehen war und trotzdem unvergessen bleiben wird.

Am Neuköllner Krankenhaus stieg der erste Fahrgast aus, und dann ging es ohne Halt durch bis Rudow. Immer wenn ich, vom Krankenhaus kommend, in die große Kurve einbog, war es mir, als ob Berlin hier zu Ende wäre. Auf der einen Seite Kornfelder oder Wiesen, auf der anderen Seite kleine Siedlungshäuschen – immer abwechselnd. Johannisthaler Chaussee (hier stand noch eine alte Windmühle), dann Heroldweg, Rudower Grenze und Stubenrauchstraße – Haltestellen auf dem Lande. Weite Sicht und wenig Betrieb auf der Fahrstraße neben der Strecke. Es versteht sich von selbst, daß wir auf dieser freien Strecke auf eigenem Bahnkörper immer ziemlich schnell gefahren sind. An der Haltestelle Krokusstraße begann dann das Dorf Rudow. Niedrige, kleine Häuschen, dazwischen noch ein paar echte Bauernhöfe, besonders in den wenigen Seitenstraßen. Hinter der Köpenicker Straße war die sogenannte Rudower Spinne, eine Straßengabelung in verschiedene Richtungen in die Mark Brandenburg.

Obwohl wir ja verspätet abgefahren waren, hatten wir doch noch etwas Zeit bis zur Abfahrt, denn durch die schnelle Fahrt ohne Halt waren wir pünktlich angekommen. 4 Uhr 50 sollte es wieder losgehen in Richtung Stadt, aber ich habe gern beim ersten Wagen von einem Endpunkt morgens zwei bis drei Minuten zugegeben, damit uns auch ein eventuell verspäteter Fahrgast noch erreichen konnte, denn wer um diese Zeit schon fuhr, mußte ja auch ziemlich zeitig aus den Federn. Bis zum ersten Anschluß am Buschkrug war die wenige Zeit ja gut wieder hereingefahren.

Ruhig und gemütlich ging es nun wieder dieselbe Strecke zurück und vom Buschkrug aus weiter durch Neukölln zum Hermannplatz. Nun mußte überall gehalten werden, denn fast an jeder Haltestelle stand ein Frühaufsteher, aber Eile war nicht nötig, die Straßen waren leer, und während der Fahrt auf dem eigenen Gleiskörper konnte schon einmal ein Blick in die Landschaft riskiert werden. Auch Neukölln war um diese Zeit noch nicht munter – ein paar Zeitungsfahrer oder Austräger, ein vergessener Bummler vom Vortage und die wenigen Berufstätigen, das war das ganze Leben und Treiben auf Neuköllns Karl-Marx-Straße um 5 Uhr 15 morgens. Die mir entgegenkommenden Kollegen in den Panzerzügen zeigten auf meinen offenen Triebwagen, deuteten auf sich und zogen dabei eine Grimasse: Sie wußten, was ihnen an diesem bestimmt heiß werdenden Sommertag im August in ihrer Kutsche noch bevorstand. Nun ja, ich war dafür ein anderes Mal der Dumme.

Nach der Abfahrt vom Hermannplatz setzte dann der Berufsverkehr nach Britz und zu den Eternitwerken in Rudow ein, und am Buschkrug bekamen wir auch unseren zweiten Beiwagen, denn die 47 fuhr den ganzen Tag über doppelt behängt.

Es ist noch ein angenehmer Dienst auf einer guten Linie an einem herrlichen Sommertag geworden, ohne Zwischenfälle, Störungen oder dergleichen, die es ja hin und wieder auch gegeben hat, und wir haben uns alle vier bei der Ablösung in froher Stimmung von unserem Zug verabschiedet.

»Es hat gescheppert!«

Während meiner langen Tätigkeit als Straßenbahnfahrer bin ich in einer speziellen Hinsicht außerordentlich gut gefahren: Ich hatte in all den vielen Jahren keinen schweren Zusammenstoß und auch keinen Unfall mit Personenschaden. Manche Kollegen hatten da sehr viel weniger Glück, denn es hat doch zuweilen auch bei uns recht heftig gekracht, und wer gar einen Passanten überfahren hat, der wird dieses Bild sein Leben lang nicht vergessen, ob er nun daran mitschuldig war oder nicht. Manche unserer alten Veteranen behaupteten ja, daß derjenige kein guter Fahrer sei, der niemals einen anderen Verkehrsteilnehmer auf den Rammbock genommen hat.

Eine besonders schöne Bekanntschaft mit fremdem Blech habe ich im Jahre 1954 gemacht. Im Berufsverkehr fuhr ich mit der 6 doppelt behängt durch die Tauentzienstraße Richtung Wittenbergplatz und hatte durch zwei Verkehrsschupos freie Fahrt für die Kreuzung Nürnberger Straße. Trotzdem schaltete ich den Strom ab, denn man konnte nie wissen – und wie gut: Neben dem linken Gleis hielt eine nagelneue Isetta völlig vorschriftsmäßig. Als ich aber auf etwa 20 Meter heran war, fuhr sie plötzlich los und blieb auf meinem Gleis stehen. Trotz Gefahrenbremsung habe ich das Kleinauto noch direkt am Heck getroffen. Das leichte Fahrzeug schlitterte an dem entsetzten Polizisten vorbei bis zur rechten Fahrbahn der Tauentzienstraße, wo ein Lastzugfahrer alle Mühe hatte, einen erneuten Zusammenstoß zu verhindern. Wäre dem LKW-Fahrer dies nicht gelungen, hätte sich die Isetta wahrscheinlich im Eingang des U-Bahnhofes Wittenbergplatz wiedergefunden. Man sah zwar nicht die Trümmer rauchen, der Rest war aber trotzdem nicht mehr zu gebrauchen. Personen sind nicht zu Schaden gekommen, das hörte man schon an der lauten Schimpftirade der frischgebackenen und bereits wieder gewesenen Autobesitzerin, die sie auf ihren lieben Herrn Gemahl niederprasseln ließ. Er sei völlig aus Versehen auf das Gaspedal getreten, als er die Handbremse richtig anziehen wollte, erklärte der völlig verstörte Straßenfloh den Beamten vom Unfallkommando.

Ergebnis: Schäden am Triebwagen: keine, Folgen: keine, Straßenbahnstau: bis kurz hinter Bahnhof Zoo, Aufenthalt: etwa zwölf Minuten, nicht zahlende Zuschauer: etwa 1000.

»Eine gute Ausrede ist einen Taler wert«, sagt der Volksmund, manchmal aber noch sehr viel mehr, wie ich selbst feststellen konnte. Eines Morgens fuhr ich mit meinem doppelt behängten Zug der Linie 3 kurz nach acht Uhr durch die Brandenburgische Straße in Richtung Hermannplatz. Wir hatten gerade ausgeladen und waren fast leer. Vor der Einmündung in die Berliner Straße befand sich eine elektrische Weiche, die für meine Fahrtrichtung ohne Strom zu befahren war. Außerdem hatte die Verkehrsampel eine Zusatzregelung für die Straßenbahn, daß heißt, es durfte gefahren werden, wenn der entsprechende Lichtbalken aufleuchtete. Als ich mich der Weiche näherte (natürlich mit einem Affenzahn), sah ich, daß der Lichtbalken aufleuchtete, und wollte natürlich noch mit durch, obwohl eigentlich Zeit genug und kein Grund zur Eile war. Da die Weiche in Fahrtrichtung für die 44 stand, gelang es mir nicht mehr, den Zug so herunterzubremsen, daß sich die Weiche ordnungsgemäß umstellte. Elektro-Weichenkontakte waren ja auch mit 10 km/h zu befahren und nicht mit 30. Die Weichenzunge blieb also in der Mitte stehen. Also herunter vom Sitz (es war ein T 24/49), Fenster auf und die Weiche nachgestellt – denkste! Ich war nicht nahe genug an die blöde Weiche herangefahren, und so fiel mir dann beim Fummeln auch noch der Weichensteller aus der Hand. Jetzt ritt mich ganz und gar der Teufel, denn anstatt den Zug erst einmal mit der Handbremse richtig festzustellen, sprang ich aus dem Wagen, um die Weiche nun von der Straße aus zu stellen. In diesem Moment habe ich nicht geahnt, daß die Berliner Straße hier ein ganz klein wenig abschüssig war. Während ich nun die Weiche stellte, hörte ich ohrenbetäubendes Hupen, Klingeln und Rufen. Dann sah ich die Bescherung: Mein Zug hatte sich nach rückwärts in Bewegung gesetzt, und der zweite Beiwagen war dabei, sich genüßlich in einen hinter uns stehenden Autobus der Linie 4E hineinzubohren. Ein Unglück kommt selten allein (oder war es gar kein Unglück, wie man noch sehen wird?). Ich wollte jedenfalls auf den Wagen springen, um endlich die Handbremse anzuziehen, stolperte aber dabei und schlug mir auf der Trittstufe das Schienbein auf, und zwar so, daß mir das Blut gleich aus dem Hosenbein gelaufen kam. Es tat im Augenblick höllisch weh. Als mein Zug nun endlich zum Stehen gekommen war, kam auch der Autobusfahrer herbei und fragte mich, ob ich mir nicht die demolierte Visage seines nagelneuen Berliner Zukunftgefährts ansehen wollte. Die Stirnseite seines Busses sei völlig eingedrückt, und das würde wohl ziemlich teuer werden (das dachte ich allerdings auch). Ich winkte nur müde ab, zeigte ihm meine Verletzung und sagte ihm, daß er man alles so einschreiben solle, wie es geschehen sei. Meine Schaffner hatten ihm inzwischen die notwendigen Angaben gemacht und auch seine Wagennummer aufgeschrieben. Personen waren ja nicht zu Schaden gekommen, und so setzte ich mit ziemlich trüben Gedanken meine Fahrt fort, nachdem ich meinen Triebwagenschaffner gebeten hatte, mich durch den nächsten Verkehrsmeister am Hermannplatz ablösen zu lassen, weil meine Wunde noch immer mächtig blutete.

Es war ein ganz großer Bockmist, den ich da verzapft hatte. Die BVG war eigentlich immer recht hilfsbereit, wenn es sich um Zusammenstöße oder Unfälle handelte. Nicht aber, wenn es sich um gegenseitige Karambolagen von BVG-Fahrzeugen handelte, und schon gar nicht, wenn ein nagelneuer Autobus dabei ramponiert worden war. Hier war eine empfindliche Bestrafung des Schuldigen zu erwarten – und der war einwandfrei ich.

Nun hatte ich aber keine Lust, für ein halbes Jahr Schaffnerdienst zu verrichten, und erst recht nicht, für den Schaden zur Kasse gebeten zu werden, denn ein Hunderter war da durchaus drin, und das war damals enorm viel Geld. Die BVG trug zwar die Hauptkosten in solchen Fällen, zog aber dem regreßpflichtigen Schuldigen einen bestimmten Anteil von der Schadenssumme von seinem Lohn ab.

Nun hatte ich bis zum Hermannplatz und nachher zum Unfallkrankenhaus plötzlich Zeit. Genügend Zeit, um mir nun etwas einfallen zu lassen – und es fiel mir auch etwas ein. Nachdem ich abgelöst und im Neuköllner Krankenhaus verbunden und für acht Tage krank geschrieben worden war, mußte ich ja meinem Brötchengeber von meiner großen Geschicklichkeit Mitteilung machen.

Da es für meine Handlungsweise keinerlei Zeugen gab, weil die Vorderplattform leer war und der Triebwagenschaffner hinten stand, war im Meldebuch und nachher im Protokoll der Tatbestand wie folgt zu lesen: »Am Soundsovielten führte ich meinen Zug der Linie 3 durch die Brandenburgische Straße in Richtung Hermannplatz. Beim Befahren der E-Weiche vor der Berliner Straße sprang diese nur halb herum, so daß ich sie von Hand nachstellen mußte. Beim Aufstehen vom Fahrersitz rutschte ich jedoch aus und schlug mit dem Schienbein auf die Eisenkante des Fußpodestes, wobei ich mir die angegebene Wunde zuzog. Im ersten Schmerz versäumte ich es, die Handbremse sofort anzuziehen und meinen Zug rechtzeitig festzustellen. So konnte der Zug ca. drei bis vier Meter zurückrollen und

Unfall auf Linie 27. Aufnahme aus dem Jahr 1950 in der Hermannstraße/Ecke Jonasstraße, mit einem Maximumwagen der BVG. (Deutsches Technikmuseum Berlin)

den hinter uns haltenden Autobus der Linie 4E in der vom Autobusfahrer angegebenen Weise beschädigen.«

Niemand konnte mir nachweisen, daß ich meinen Unfall zeitlich etwas vorverlegt und durch ihn meine Nachlässigkeit beim Anbremsen des Zuges bemäntelt hatte. Die Folge: Der Fahrer wurde ermahnt, künftig seinen Arbeitsplatz so sorgfältig zu verlassen, daß derartige Unfälle mit den eingetretenen Folgen vermieden werden. Ohne mein kaputtes Schienbein wäre ich mit Sicherheit verdonnert worden. Die Narbe habe ich noch heute als Erinnerung an jenen Tag.

Es gab dann noch zwei Entgleisungen, die infolge falscher Weichenstellung verursacht wurden. Schuld an solchen Sachen war immer der Fahrer, obwohl mir einmal mein Schaffner und das andere Mal sogar ein Verkehrsmeister versichert haben, daß die Weiche richtig steht. Nun, der Schaden war jedesmal gering, die Folgen auch. Beim zweiten Mal mußte ich allerdings eine Kleinigkeit berappen, aber das war eben so eine Art Berufsrisiko. Entgleisungen sehen ja immer sehr viel schlimmer aus, als sie in Wirklichkeit sind, und es ist erstaunlich, wo bei einem derartigen Vorfall dann plötzlich die vielen Menschen herkommen, für die ein entgleister Straßenbahnzug eine Riesensensation bedeutet.

Eine Schrecksekunde ist mir ganz besonders im Gedächtnis geblieben. Es war wieder einmal auf der 3, an einem Nachmittag, und zwar auf meiner zweiten Runde.

Bereits auf der ersten Runde hatte mich ein Linksabbieger scharf geschnitten und eine Gefahrenbremsung notwendig gemacht. Er konnte »unerkannt entkommen«. Na ja, mit der Straßenbahn konnte man so etwas ja machen, besonders als Mercedesfahrer. Es sollte aber noch sehr viel besser kommen.

Auf der zweiten Tour in Richtung Grüntaler Straße hatten wir in Moabit tüchtig eingeladen und uns auch eine kleine Verspätung eingehandelt. Nachdem ich durch die zahlreichen ausgeleierten Kurven hinter dem Betriebshof Beusselstraße gekrochen und in die Seestraße eingebogen war, wurde voll aufgedreht. Etwa 250 Meter vor der Seestraßenbrücke tauchte auf dieser ein Trecker auf, der zwei hoch mit Knüppelholz beladene Anhänger hinter sich herzog. »Wenn den nur nicht irgendein Verrückter überholen will«, dachte ich bei mir und schaltete sofort den Fahrschalter auf null zurück. Im selben Moment passierte es aber auch schon: Ein schwerer Fernlastzug kam hinter dem Trecker hervor und mir nun entgegen, zur Hälfte auf meinem Gleis fahrend. Ich bekam im wahrsten Sinne des Wortes einen Todesschreck, leitete die Gefahrenbremsung ein, zog den Sandstreuer bis zum Anschlag auf und bearbeitete die Fußglocke lang anhaltend. Dabei schloß ich die Augen und dachte: »Wenn er nur auch so bremsen würde!« Als die hinter mir stehenden Fahrgäste die Situation erfaßten, hörte ich laute Angstschreie und ein panikartiges Schieben in die hintere Wagenhälfte. Man kann die Geschwindigkeit, mit der sich alles abgespielt hat, nicht so leicht beschreiben. Dann stand mein Zug, und mit dem Arm meine Augen abdeckend, erwartete ich einen eventuellen Aufprall des Lastzuges. Er hatte auch gebremst, wie ich hören konnte, aber würde er es noch schaffen? Er schaffte es! Aber wie! Zwischen unseren beiden Fahrzeugen konnte niemand mehr durchgehen. Nach einer Weile stiegen wir dann beide aus, der LKW-Fahrer genauso käsig im Gesicht wie ich. Er entschuldigte sich sofort, beteiligte sich an den Nachforschungen nach etwa durch die Gefahrenbremsung verletzten Fahrgästen und gestand mir hinterher, daß er von derartigen Überholmanövern ein für alle Mal geheilt sei, beim Überholen aber auch gedacht habe: »Wenn nur nicht gerade jetzt eine Straßenbahn kommt!« Zur Stärkung nach diesem Schreck hat er mir noch eine Kleinigkeit dagelassen, ebenso einige Fahrgäste, worüber ich mich sehr gefreut habe, weniger des Wertes wegen als über das Zeichen von Mitgefühl, obwohl ich ja nur meine Pflicht getan hatte.

Es war noch mal gutgegangen, und in der Haltezeit beim Erzählen beruhigte ich mich auch schnell wieder.

Wenn die Bremsen versagen …

»Der Triebwagen hat einen Bremsversager!« Das war eine Äußerung, die sich jeder Fahrer sehr genau zu überlegen hatte, bevor er sie machte. Für die Betriebssicherheit der Fahrzeuge, also auch für die Funktionsfähigkeit der Strombremse, war die Betriebswerkstatt nicht nur der Verwaltung, sondern auch dem Gesetzgeber gegenüber verantwortlich.

Für die Wartung und Revision sowie für kleinere

Reparaturen an den Fahrzeugen war die Betriebswerkstatt zuständig. Bei ihr wurden genaue Unterlagen über die Laufleistung der einzelnen Wagen geführt, aus denen ersichtlich war, wann eine Revision und wann eine Hauptuntersuchung in der Hauptwerkstatt (HwS) in der Uferstraße notwendig wurde. So konnte dem Gesetzgeber gegenüber die technische Pflege und Wartung aller im Personenverkehr eingesetzten Fahrzeuge lückenlos nachgewiesen werden. Dies war besonders dann erforderlich, wenn BVG-Fahrzeuge in Unfälle oder Zusammenstöße verwickelt waren.

Die Werkstatt gehörte verwaltungsmäßig nicht zum Betriebshof, sondern zur Bahnabteilung Straßenbahn (Ba S) in der Hauptverwaltung. Mehrere Betriebswerkstätten unterstanden einem Bezirksingenieur, der die Funktion eines technischen Abteilungsleiters ausübte.

Die meisten Betriebshöfe besaßen eine eigene Betriebswerkstatt, jedoch gab es Ausnahmen, wie zum Beispiel Tempelhof. Bf. Tem. hatte eine Wagenmeisterei, die nur Wartungsarbeiten, jedoch keine Reparaturen durchführen durfte. Für den Eingeweihten war diese Tatsache dadurch erkennbar, daß an den Wagen nicht Bw (Bw Britz, Bw Char u. s. w.) zu lesen war, sondern Wm Tem (Wagenmeisterei Tempelhof).

Ein besonderer Kontakt zwischen Fahrpersonal und Technikern bestand nicht, und der Fahrer nahm lediglich dann von ihnen Notiz, wenn er seinen Zug auf dem Reparaturkanal anhielt und Achsen und Räder vom diensthabenden Schlosser abgeklopft wurden (Teil der täglichen Wartung). Dauerte die Klopperei zu lange, wurden die Blaukittel beschimpft, weil sie den Feierabend hinauszögerten. Das kam aber selten vor, meistens beeilten sie sich sehr.

Während der Fahrt aufgetretene Mängel an den Fahrzeugen wurden in das Wagenbemängelungsbuch eingetragen. Dieses Buch wurde von der Bw geführt, und sie hatte hinter den erfolgten Eintragungen des Fahrpersonals die Erledigung beziehungsweise die Behebung des betreffenden Mangels zu bescheinigen.

Na ja, wir wurden immer wieder gebeten, nur tatsächliche Schäden zu melden und wirklich sinnvolle Eintragungen zu machen. Trotzdem war es lustig, auf einer Doppelseite sechsmal die Eintragung zu lesen: »5579 schleudert stark« oder »888 dröhnt dauernd laut«. Ich mochte den 888 auch nicht, denn die Haltestellen hätte man genauso auch in einem johlenden Demonstrationszug ausrufen können, und ein Dienst auf 5579 glich einer Fahrt auf einer Hochseefregatte bei wenigstens Windstärke neun, aber daran konnte unser Bw doch nun wirklich auch nichts ändern.

Es war sehr selten, daß der Fahrschalter, also auch die Strombremse, während der Fahrt schadhaft wurden. Wenn man also von einem Bremsversager sprach, unterstellte man der Technik indirekt, das betreffende Fahrzeug nicht sorgfältig genug gewartet zu haben, und das wurde im Bw sehr übel genommen.

Trotzdem hat es solche Fälle gegeben, wo die Strombremse unterwegs defekt wurde, und ich armes Würstchen bin schon am dritten Tage meiner nachher langjährigen Fahrpraxis ein Opfer solcher Tücke geworden.

Ich fuhr den Maximum-Triebwagen 5320 auf der Linie 15 und merkte, von Marienfelde kommend, in der Rixdorfer Straße, daß der Zug trotz sorgfältigen Schaltens der Bremskontakte nicht richtig bremste und an einer Haltestelle sogar beträchtlich über diese hinausrutschte. Nachdem ich meinem

Der Bremsversager. Wie dieser Zug in der Kantstraße sah der Maximumwagen 5320 aus, den Klaus Reineck nicht bremsen konnte. (Sammlung Günther Schmidt)

Triebwagenschaffner die Sache vorgeführt hatte, beschlossen wir, den Zug auszusetzen und die Fahrgäste auszuladen. Das würde Ärger geben, denn der Zug war voll, und wir befanden uns im Berufsverkehr, aber ich traute mich wirklich nicht mit diesem Triebwagen den Silbersteinberg hinunter, zumal es auch noch nieselte. Der Verkehrsmeister an der Hermannstraße war entsetzt, als ich ihm mein Vorhaben mitteilte, aber dennoch bestand ich darauf, den Zug sofort zum Betriebshof auszusetzen. Auf dem Hof erwartete mich bereits der Vorsteher und meinte, daß meine Tätigkeit als Fahrer ja nun leider nicht von langer Dauer gewesen sei, da ich mich erkühnt hätte, schon nach drei Tagen von einem Bremsversager zu sprechen. Am nächsten Vormittag mußte ich zum Vorsteher, und dort war auch der Werkmeister anwesend, so daß ich nicht viel Gutes ahnte. Aber es sollte anders kommen, als ich und selbst der Vorsteher gedacht hatten. Nachdem ich genau geschildert hatte, was ich während der Fahrt feststellte, meinte der Werkmeister zu mir: »Wissen Sie überhaupt, daß Sie möglicherweise der BVG so an die 100 Tote erspart haben? Wir haben festgestellt, daß die Bremsverbindung zwischen dem dritten und dem vierten Kontakt völlig durchgeschmort war. Wäre der Zug auf dem Silbersteinberg nicht zum Stehen gekommen und unter Umständen an der Karl-Marx-Straße in einen vorbeifahrenden Zug der Linie 6 seitlich hineingefahren, was meinen Sie wohl, was das gegeben hätte, zumal Ihr Triebwagen ja einen Holzaufbau hat? Ihre Handlungsweise war also völlig richtig, wenngleich die Behauptung, daß die Bremsen versagt hätten, zum Glück nur selten richtig ist.« Mein Vorsteher und ich haben wohl keine sehr geistreichen Gesichter gemacht, aber ich war doch sehr froh, daß sich meine Vermutung in diesem Falle bestätigt hatte, denn die Kurbel so schnell wieder herzugeben, dazu hätte ich nun wirklich keine Lust gehabt.

Das zweite Mal allerdings sollte ich mit meiner Annahme, die Strombremse sei defekt gewesen, nicht recht behalten. Trotzdem ist mir nichts passiert, denn hier lag ein regelrechtes Kuriosum vor.

Auf der Linie 6 näherte ich mich mit meinem doppelt behängten Triebwagen 5315, also wieder einem Vierachser, der Haltestelle Alt-Tempelhof/Ecke Tempelhofer Damm morgens im Berufsverkehr. Es war im Herbst während des Laubfalls, aber das Wetter war trocken. Bis zum dritten Bremskontakt bremste der Zug völlig normal, dann jedoch gab es einen Ruck, mein Zug fing an zu rutschen und wurde immer schneller. Jetzt versuchte ich es mit einer richtigen Gefahrenbremsung, aber eine Bremswirkung stellte sich nicht ein. Die Kreuzung war für meine Fahrtrichtung gesperrt, und zu allem Überfluß stand auch noch die Weiche nach rechts in Fahrtrichtung Betriebshof Tempelhof, weil vorher ein E-Wagen dorthin ausgesetzt hatte. Mir ging im wahrsten Sinne des Wortes der Hut hoch! Mir wurde der Kragen eng, als ich mit anhaltendem Fußglockenzeichen an den konsternierten Verkehrspolizisten, die wie wild mit den Armen ruderten, vorbei und rechts in den Tempelhofer Damm rutschte. Die Schlittenfahrt ging bis zur Höhe der Götzstraße, dann erst kam mein vollbesetzter Zug zum Stehen. Mit zitternden Knien begab ich mich nun zu den Wachtmeistern und dem inzwischen herbeigeeilten Standposten. Zum Glück hatte ich auf der Vorderplattform außerordentlich anständige und faire Fahrgäste, die einstimmig bestätigten, daß ich alles nur Mögliche getan hätte, um den Zug rechtzeitig vor der Kreuzung zum Halten zu bringen, daß mir dies aber aus unerfindlichen Gründen nicht gelungen sei. Also Bremsversager! Der Zug wurde von mir im Schrittempo zum Betriebshof gefahren und dort ausgesetzt. Als Provisorium bekam ich einen Stube-und-Küche-Wagen mit nur einem Beiwagen, zunächst für eine Runde, wie man mir sagte. Der Verkehrsmeister hatte auf dem Hof angerufen und den Vorfall bereits gemeldet, zumal es ja eine aufsehenerregende Sache gewesen war. Wie erstaunt war ich aber, als ich von der Elsenstraße zurückkam und mein alter Zug wieder vor dem Hof für mich bereitstand. Daneben stand der Werkmeister, und der Verkehrsmeister aus Tempelhof stieg zu mir auf den Wagen und berichtete mir, was man festgestellt hatte: Von meinem Vordermann, auch einem Vierachser, war die Verschlußklappe der Achsbuchse abgefallen, die Achslagerschmiere war herausgefallen und hatte sich als ein Klumpen über die Kopfschiene gestülpt. Dieser Schmierklumpen auf dem Gleis hatte sich nun mit Sand und Laub zu einer breiigen Masse vereinigt und dadurch meine Bremswirkung völlig aufgehoben. Daß hierbei kein Zusammenstoß passierte, war nur dem Umstand zu verdanken, daß der kreuzende Autoverkehr bereits vorbei war und die Verkehrsposten ohnehin meine Fahrtrichtung freigeben wollten.

Auch solche Dinge sind vorgekommen bei der guten alten Straßenbahn, und wer dabei der Leidtragende war, hat die Sache im Augenblick des Geschehens gar nicht so sehr komisch gefunden.

Hofdienst in Britz

Verantwortlich für den ordnungsgemäßen Wagenablauf des Betriebshofes und für Ruhe und Ordnung im Hofbereich war der Rangierer. Er war ein kleiner Kaiser auf dem Hof, und manche Rangierer fühlten sich auch so.

Allerdings bestand zwischen den Rangierern und dem Fahrpersonal meistens ein recht gutes Verhältnis, welches schon durch die Notwendigkeit einer guten Zusammenarbeit begründet war. Ich selbst hatte jedenfalls keine Veranlassung, mich über meine Rangierer zu beklagen. Zu fürchten hatten ihn eigentlich nur die Dummköpfe und die Bummelanten, die ihm seinen Dienst erschwerten.

Der Rangierer hatte ein umfangreiches Aufgabengebiet und ein hohes Maß an Verantwortung, auf die im einzelnen noch eingegangen wird. Er war berechtigt, Weisungen zu erteilen und ist daher mit dem Vorarbeiter oder Kolonnenführer eines großen Werkes vergleichbar, obwohl er den gleichen Lohn erhielt wie jeder andere Fahrer auch.

Wenn hier von weisungsberechtigten Rangierern

die Rede ist, so sind damit die drei ersten Rangierer, nämlich Rangierer I (5 bis 13 Uhr), Rangierer II (13 bis 21 Uhr) und Rangierer III (21 bis 5 Uhr), gemeint, denn es gab außer ihnen noch mehr Rangierdienste, aber nur sie hatten die Verantwortung auf dem Hof. Die Anzahl der Rangierer-Dienste richtete sich nach dem Wagen- und Personaleinsatz des jeweiligen Betriebshofes.

Die Aufgaben des Rangierers waren:

1. Aufsicht über das Geschehen auf dem Betriebsgelände, besonders in den Wagenhallen. Hierzu gehörte die Überwachung, daß polizeiliche und betriebliche Sicherheitsbestimmungen (Feuerschutz) auch eingehalten wurden. Der Rangierer konnte zum Beispiel verbieten, daß ein Verbundzug über dem Reparaturkanal gekuppelt wurde, denn dies war aus Sicherheitsgründen streng untersagt.

2. Er hatte die Verantwortung über die Aufstellung der Züge und Wagen der einzelnen Linien. Hierzu gehörte, daß die Züge der Linien auf den auf der Wagenablauftafel angegebenen Gleisen in der richtigen Reihenfolge bereitstanden.

3. Dem Rangierer oblag die Überwachung des pünktlichen Wagenablaufs bei Betriebsbeginn sowie des Wagenrücklaufs und des sinnvollen Einordnens der zurückkehrenden Züge bei Betriebsschluß.

Bei Krankmeldungen (die rechtzeitig, möglichst schon am Abend vorher zu erfolgen hatten) oder wenn jemand zu spät zum Dienst kam, hatte er für Ersatz zu sorgen. Reichten die dienstplanmäßig vorgesehenen Reserven hierfür nicht aus, so mußte er dienstfreie Kollegen (die sich ausdrücklich zur Ableistung von Überstunden bereit erklärt hatten und auch möglichst in der Nähe des Betriebshofes wohnen sollten) telefonisch herbeizubitten. Diese Kollegen bekamen dafür mindestens drei Überstunden bezahlt, auch dann, wenn sie beispielsweise nur einmal 15E von 5 Uhr 50 bis 7 Uhr 08 gefahren sind. Wurde ein dienstfreier Kollege aus dem Bett geholt, mußte der Rangierer in jedem Falle das Dienstversäumnis des betreffenden Fahrers oder Schaffners der Verwaltung melden. Es gab aber auch Fälle, wo ein Kollege, der verschlafen hatte, seinen Zug noch unterwegs abfangen und die Reserve zum Betriebshof zurückschicken konnte. Hier lag es im Ermessen des Rangierers, das Versäumnis der Verwaltung zu melden oder nicht, und es ist eigentlich immer unterblieben, wenn es sich um Einzelfälle und um pflichttreue Kollegen handelte und wenn es irgendwie machbar war.

4. Der Rangierer hatte jeden Wagenausfall der Verwaltung schriftlich mitzuteilen.

Nach dem Krieg war es die Regel, aber auch später kam es noch gelegentlich vor, daß für eine E-Linie mit doppelter Behängung nicht genügend starkmotorige Triebwagen vorhanden waren, so daß der zweite Beiwagen auf dem Hof bleiben mußte.

Auch sonst hielt der Rangierer rund um die Uhr engen Kontakt mit der Verwaltung, indem jedes besondere Vorkommnis der Meldestelle oder dem Betriebshofvorsteher, der meistens am Betriebshof wohnte, mitgeteilt werden mußte.

5. Wurde ein Fahrer oder ein Schaffner nach seinem Dienst nicht pünktlich abgelöst, so hatte er noch eine sogenannte Pflichtrunde abzuleisten. Dann aber mußte der Rangierer für Ersatz gesorgt haben, denn sonst fuhr der Kollege seinen Zug zum Betriebshof, und es entstand ein Wagenausfall, welcher der Verwaltung gegenüber begründet werden mußte.

6. Ersatz für einen unterwegs defekt gewordenen Trieb- oder Beiwagen hatte der Rangierer be-

Betriebshof Britz. Die neue Halle entstand 1927/29 nach Plänen von Jean Krämer und enthielt in ihrer Mitte die Betriebswerkstatt; seit 1966 für Autobusse verwendet. (Sammlung Klaus Reineck)

reitzustellen und durch eine Fahrhilfe so bald wie möglich gegen den schadhaften Wagen auswechseln zu lassen. Dabei mußte er prüfen, ob der Triebwagen auch für den entsprechenden Zug geeignet war, damit nicht etwa ein schwachmotoriger Triebwagen an einen doppelt behängten Zug kam.

7. Auch die Überwachung des pünktlichen An- und Abhängens von Beiwagen, die nicht den ganzen Tag über eingesetzt wurden, war Aufgabe des Rangierers. Für die Durchführung der Schleppfahrten hatte er allerdings seine Fahrhilfen, deren Arbeit er einteilte.

8. Weiteren Kontakt hatte der Rangierer zur Betriebswerkstatt. Ihren Wünschen hatte er unbedingt Folge zu leisten. Er mußte die zur Revision oder zur Reparatur bestimmten Wagen aus dem Verkehr ziehen und rechtzeitig bereitstellen. Einem Rangierer, der gut mit »seiner Technik« zusammenarbeitete, wurde natürlich auch gern der Wunsch erfüllt, einen bestimmten (meist starkmotorigen)

Triebwagen vorrangig für den Nachmittagseinsatz nachzusehen und herzurichten, damit dem Rangierer die Bereitstellung der Verstärker für den Berufsverkehr keine Sorgen bereitet.

9. Auch die Oberverkehrsmeisterei der jeweiligen Linien waren häufige und in der Rangiererbude stets gern gesehene Gäste, denn sie unterrichteten den Rangierer davon, auf welcher E-Linie sonntags Veränderungen zu erwarten waren, und ob und wie viele Sonderzüge sie zu bestimmten Veranstaltungen zu fahren gedachten. Das war recht wichtig, denn manche Veranstaltungen wurden so kurzfristig bekannt, daß ein Personaleinsatz über Fahrplan und Dienstzuteilung nicht mehr möglich war und alle Sonderwagen gegen Überstunden gefahren werden mußten.

So war der Rangierer das Mädchen für alles auf dem Betriebshof, und es war durchaus nicht jedermanns Sache, einen solchen Dienst zu versehen, und jeder war auch nicht geeignet dazu.

Fahrhilfen

Die Anzahl der Fahrhilfen richtete sich ebenfalls nach dem Personaleinsatz und außerdem nach den Fahrzeiten der Schleppfahrten, die für den betreffenden Betriebshof zu leisten waren.

Eine Fahrhilfe war ihrem Namen entsprechend eine Hilfe des Rangierers. Er teilte die Arbeit der Fahrhilfen ein, und seinen Anordnungen hatten sie Folge zu leisten. Der Dienst der Fahrhilfen war unterschiedlich angenehm, denn es war in jedem Falle besser, Beiwagen der Linie 3 vom Betriebshof Britz zur Baerwaldstraße zu bringen oder von dort hereinzuholen, als dauernd Beiwagen der Linie 6 vor dem Betriebshof an-, über- oder abzuhängen.

Einige Fahrhilfen (es war im Dienstplan vermerkt) mußten ihre Schaffnerausrüstung zum Dienst mitbringen, um im Notfall als Reserve für einen fehlenden Schaffner einspringen zu können.

Auch zur Abwicklung der zahlreichen Fahrleistungen, die außerhalb des planmäßigen Linienverkehrs auf dem Betriebshof anfielen oder von diesem aus durchgeführt werden mußten, waren die erforderlichen Kräfte bereitzustellen und einzusetzen.

Die Rangierer I bis III, die für den reibungslosen Betriebsablauf auf dem Hof verantwortlich waren, hatten hierfür ihre Hilfskräfte. Das waren damals auf dem Betriebshof Britz einmal die Rangierer IV bis VII, die notfalls die Rangierer I bis III vertreten mußten, und die Fahrhilfen 1 bis 7. Diese Dienste wurden außerhalb des Dienstturnus an die sogenannten Springergruppen vergeben, so daß eigentlich jeder Fahrer von Zeit zu Zeit einmal mit Hofdienst bedacht wurde. Eine Ausnahme waren lediglich die wenigen Kollegen, die für diesen Dienst absolut nicht geeignet waren und die die Rangierer auch nicht bei sich sehen wollten. Sie baten dann die Verwaltung, solche Kollegen nicht als Fahrhilfen einzusetzen, denn der Hofdienst erforderte eine gewisse Flexibilität und Wendigkeit, und es gab eben ein paar schon eher betagte Kollegen, die da nicht mehr so recht mitziehen konnten.

Der Dienst als Fahrhilfe war nicht bei jedem beliebt, aber ich habe zwischendurch gern mal ein paar Tage auf dem Hof gearbeitet. Man war nicht an den starren Linienfahrplan gebunden, konnte seine Pausen in Ruhe machen, je nachdem, wie es die eingeteilte Arbeit gestattete, und man hatte nicht während des ganzen Dienstes im dichten Straßenverkehr zu fahren. Fahrhilfe hieß also, Beiwagen der verschiedenen Linien an den dafür vorgesehen Stellen an-, ab- oder überzuhängen, die dazu notwendigen Schlepperleistungen durchzuführen und auch auf dem Hof Züge umzurangieren.

Hierfür hatten wir unsere Arbeitswagen oder kurz Schlepper genannt. Wie ein roter Faden hat sich der Umstand durch die Geschichte der Straßenbahn gezogen, daß immer jeweils die Triebwagen, die aus dem planmäßigen Linienverkehr ausschieden, als Schlepper weiter verwendet wurden. Erst wenn sie auch hierzu nicht mehr brauchbar waren, erfolgte die Verschrottung. Während meiner Kindheit vor dem Krieg waren überwiegend die U 3 l, aber auch noch offene Wagen des Typs »Neuberolina« als Arbeitswagen eingesetzt. Den U 3 l folgten die T 08/24 (32hunderter), dann die TF 13, dann die Hawa-Wagen und schließlich eine große Anzahl T 24.

Bei Dienstbeginn bekamen wir vom Rangierer unseren Arbeitszettel mit den Fahrten, die wir abzuleisten hatten, und wenn der letzte Beiwagen dann hereingeholt war und nichts weiter vorlag, war Feierabend.

Bei dieser Arbeit hat es natürlich auch eine ganze Reihe mehr oder weniger lustiger Begebenheiten gegeben. Nie vergessen werde ich einen Silvesterabend Ende der fünfziger Jahre. Meine Arbeit als Fahrhilfe ging bis 23 Uhr 45, und ich sollte also wieder einmal auf der Straße sein, wenn das neue Jahr begann. Als letzte Leistung war vorgesehen, den Beiwagen der Linie 2 um 23 Uhr 12 am Hermannplatz abzuhängen. Er sollte um 23 Uhr 34 auf dem Hof sein. Würde ich mit der 27 um 23 Uhr 25 mitfahren können, wäre ich fünf Minuten vor zwölf zu Hause, aber wie sollte man das anstellen? Als ich meinem Rangierer Alfred, mit dem ich mich sehr gut verstand, mein Leid klagte, meinte er trocken: »Das kriegen wir schon hin. Du schilderst dir zu dieser Fahrt einen Vielstufer ab, und dann schaffst du es auch. Ich komme zeitig raus und nehme dir den Zug am Tor ab.« So fuhr ich dann kurz vor elf mit dem 6171 zum Hermannplatz und überlegte mir unterwegs, ob die Sache wohl zu schaffen sei und wie. Vor allen Dingen durfte ich die 27 nicht vor mir haben, die um 23 Uhr 12 am Hermannplatz abfuhr, denn damit wäre die Sache schon gescheitert gewesen. Mitten auf dem Hermannplatz war ein einfacher Gleiswechsel, und dort würde ich, entgegen der Rangierordnung, natürlich den Beiwagen abhängen und dadurch auch gleich das Gleis Richtung Britz für die 27 versperren, denn die 2 erst in die Urbanstraße fahren zu lassen und dort vorschriftsmäßig abzuhängen, hätte zu lange gedauert. Hoffentlich war die 2 pünktlich, was auch abends durchaus nicht so sicher war. Aber sie kam wirklich um 23 Uhr 10 aus der Hasenheide und fuhr an mir vorbei. Ich stand auf dem

Hofdienst in Britz. Dazu gehörten das Ausfahren und das Einsammeln der Beiwagen; Aufnahme vom Juni 1965 in der Gradestraße. (Deutsches Technikmuseum Berlin)

Winterdienst der Straßenbahn. Aufnahme der Linie 6 am Wittenbergplatz mit einem Triebwagen des Typs T 24, etwa 1955. (Deutsches Technikmuseum Berlin)

Gegengleis und hatte mir schon die Weiche gestellt. Also, Schaffner Bescheid sagen, Beiwagen abhängen, ran mit ihm an den 6171, auf richtige Weichenstellung geachtet, und dann ab die Post. Es ging los – und wie. Es sollte meine schnellste Fahrt werden, die ich je gemacht habe. Mit dem starkmotorigen Fahrzeug bei erhöhter Stromspannung konnte eine hohe Geschwindigkeit entwikkelt werden. Als der Hermannberg überwunden war, donnerte ich mit meinem Zug die Hermannstraße hinunter, als wäre der Teufel mit der ganzen Hölle hinter mir her. Die Passanten müssen gedacht haben, die wilde Jagd tobt durch Neukölln. Klein, wie ich nun mal war, hockte ich mit zusammengebissenen Zähnen auf meinem Bock und kam mir vor, als hätte ich die Kronjuwelen der Königin von England gestohlen. Wenn ich es schaffen wollte, mußte gefahren werden, was das Zeug nur eben hielt, U-Bahnhof Leinestraße 23 Uhr 16, 23 Uhr 17 S-Bahnhof Hermannstraße, 23 Uhr 19 Mariendorfer Weg, vorher mußte wegen der großen Kreuzung scharf abgebremst werden. Dann aber wieder Kurbel rechts herum und beide Maschinen volle Kraft voraus. Germaniapromenade (ab hier gab es neue Gleise), Britzer Brücke, und dann wurde den Britzer Damm entlanggefegt, daß die Geschwindigkeit gut an die 65 km/h betrug –, Franz-Körner-Straße, und schließlich heulte der 6171 wie ein getretener Hund auf, als ich ihn vor der Gradestraße scharf abbremste. Es war 23 Uhr 22, und Alfred stand auch schon in der Gradestraße und rief mir zu: »Na siehste, da biste ja, und nu Prost Neujahr!« – »Desgleichen, Alfred, und vielen Dank auch!« und weg war ich. Das hatte geklappt. Später meinte der Schaffner zu mir: »Na weeste, bist ja jefahren wie'n Pferdedieb, aber stell dir vor, dadurch war ick ooch noch vor zwölf in Buckow.«

Natürlich sind unsere Schleppfahrten normalerweise nicht in dieser Form durchgeführt worden. Es waren ja auch ganz normale Fahrten, wie die im Linienverkehr auch, und man war froh, wenn alles gut über die Bühne ging. Einmal ist es mir leider passiert, daß ich an der Baerwald-/Ecke Gneisenaustraße einen Zug mit zwei U-Booten beim Abhängen der zweiten Beiwagen der Linie 3 in den Schotter gestellt habe. Die Beiwagen wurden in einer Umfahrung zwischen Südstern und Baerwaldstraße abgehängt, und es mußte darauf geachtet werden, daß beim Zurückdrängen des Zuges dann die Weiche wieder zurückgestellt wurde.

Der vom Hermannplatz kommende Zug fuhr auf dem Nebengleis in die Umfahrung ein. Die Weiche stand also geradeaus, ich stand auf dem Gleis in Richtung Hermannplatz und drückte meinen ersten Beiwagen an den abgehängten Beiwagen heran, und wir hängten ihn an unseren Schleppzug an. Da ich ja nun wieder links hinüber auf das rechte Gleis zurück wollte, mußte also auch die Weiche zwischen den beiden Beiwagen gestellt werden. Als ich von hinten das Abfahrzeichen erhielt, fragte ich noch zurück, ob die Weiche stehe, und bekam ein Ja zur Antwort, dennoch fuhr mein Zug nach rechts und der zweite Beiwagen geradeaus. Dadurch riß der Zug auseinander, und beide Beiwagen standen im Schotter. Hier konnte nur ein Hilfsgerätezug helfen, und es gab eine ganz schöne Verkehrsstockung. Solche Vorfälle wurden immer dem Fahrer angelastet, und so handelte ich mir dann auch wegen falscher Weichenstellung eine Zurechtweisung ein.

Nach der Ausmusterung der Triebwagen mit Holzaufbauten (Viererachser, Hawa-Wagen und TF 13/25) wurde polizeilich angeordnet, daß die Geschwindigkeit der Schleppfahrzeuge mit Holzaufbauten gedrosselt werden mußte. Also wurde bei diesen Wagen eine Schaltsperre eingebaut, so daß nur noch bis zum sechsten Fahrkontakt geschaltet werden konnte. Die Fahrerei mit diesen nun sehr langsamen Fahrzeugen war ein Martyrium für die Fahrhilfen, denn obwohl unsere Schlepp-

Ein guter Schlepper. Der Arbeitstriebwagen A 381, frühere Bauart TF 13/25, steht in der Neuköllner Delbrückstraße bereit. (Archiv Norbert Loßberger)

zeiten nun entsprechend verlängert wurden, war die Schleicherei durch die Straßen eine Zumutung. Eines Tages hatte ich den A 381 als Schlepper und wunderte mich, daß die Fahrkurbel beim Anschlag an den letzten Fahrkontakt so federte. Natürlich habe ich die Sache untersucht, und siehe da, der Sperrbolzen war lose geworden und ließ sich mühelos herausziehen. Nun konnte ich mit diesem Schlepper wieder mit voller Kraft fahren und habe ihn natürlich auf dem Hof während der Schlepppausen etwas versteckt und den Umschalthebel mitgenommen, was bei Schleppern nicht zulässig war. Ich habe es gern in Kauf genommen, den Wagen manchmal unterwegs wenden zu müssen, damit ich das gute Ende auf der Rückfahrt mit den abgehängten Beiwagen wieder vorn hatte, und so mancher Schaffner hat sich gewundert, wie schnell der alte gedrosselte Schlepper plötzlich lief. Das ging eine ganze Weile gut, aber eines Tages hatte man die Sache gemerkt, und die Freude war zu Ende.

Überhaupt unsere Schlepper: Natürlich war mit diesen alten Wagen ohnehin nicht mehr viel Staat zu machen. Sie schleuderten stark, und manche kamen, nachdem sie gedrosselt waren, nun gleich gar nicht mehr von der Stelle. Hatte man einen einigermaßen vernünftigen Wagen gefunden, wurde das Gefährt dann auch wie der Augapfel gehütet, und man ließ ihn sich nicht gern wegnehmen. Ein alter Kollege, Wilhelm S., fand es besonders kollegial, mit seinem guten Schlepper in der Gradestraße Beiwagen überzuhängen, während wir dann mit einer langsamen Karre zur Baerwaldstraße fahren mußten. So bin ich auf den Gedanken gekommen, seinen Schlepper einfach kaltzustellen. Als er auf dem Klo war, bin ich rauf auf das Dach und habe auf die Schleifkohle ein Pappstückchen geklebt (etwas UHU lag stets in der Rangiererbude) und den Bügel wieder hochgelassen. Als er dann kam, bewegte sich der Wagen nicht mehr von der Stelle. Er hat das Licht geprüft, er hat nachgesehen, ob der Wagen etwa auf Sand stand, er hat auch an der Schere geschüttelt, denn der Trick mit der Pappe war natürlich bekannt, weil ihn die Fahrmeister in der Fahrschule gern gebrauchten, aber nichts rührte sich. Hätte ich die Pappe nicht festgeklebt, wäre sie gleich heruntergefallen. Endlich hat er sich dann doch einen anderen Wagen genommen und war natürlich sauer, als er mich später mit seinem Schlepper vom Hof fahren sah.

Wir haben uns in den Hofpausen sowieso so manchen kleinen Streich untereinander gespielt, und der sture Wilhelm war die häufigste Zielscheibe solcher Bosheiten. Einmal ist er mit einem Schlepper solo aus der Halle gefahren, und sein Beiwagen, den er an die 6 anhängen sollte, stand noch über dem Kanal … Heimlich wurde aus sicherer Entfernung beobachtet, wie er dann fluchend zurückkam und seinen Anhänger holte, sich entgegen seiner Natur dann mächtig beeilen mußte, um den Beiwagen noch pünktlich anzuhängen. Auch den Sand haben wir ein paarmal rausgelassen, dann lernte er wenigstens einmal im Pelz und mit den Filzstiefeln Sand zu schleppen, denn er hat uns so manchen Wagen gerade im Herbst mit halb gefüllten Sandkästen übergeben.

Abends während der Spätfahrhilfe konnte man sich auch ein bißchen um den Zug kümmern, den man am nächsten Tag fahren würde, und da ich mich eigentlich mit den meisten Rangierern recht gut verstand, ist mir auch in dieser Hinsicht oft mein Wunsch erfüllt worden, besonders wenn es um die 47 ging. Dafür habe ich mich dann auch etwas nützlich gemacht und Arbeiten verrichtet, die nicht meine Aufgabe waren. Es hat mir nichts ausgemacht, auch mal ein paar Wagen abzuschildern, an der Waschanlage auszuhelfen oder mit dem Handweichensteller über den Hof zu rennen. Ich habe jedenfalls von Zeit zu Zeit gern auch einmal Hofdienst verrichtet.

Die letzte Runde

Es war zehn Minuten vor 22 Uhr an einem eiskalten Januarabend des Jahres 1954. Die Temperaturen lagen zwischen 16 und 18 Grad minus, als wir mit unserem Zug der Linie 3 in der Hobrechtstraße Haltezeit machten.

Wir, das waren meine drei Schaffner und ich, denn wir hatten außerplanmäßig einen zweiten Beiwagen bekommen.

Als ich mich das erste Mal von der Grüntaler Straße her den Friedhöfen in der Seestraße näherte, sah ich schon von weitem einen erleuchteten Zug auf meinem Gleis stehen. An der Weiche zur Umfahrung stand der Schaffner und rief mir zu: »Mußt mir mitnehmen, Kollege, in' Sportpalast is wieda wat los, irjend so'n Fatzke tritt da uff, aba Jöbbels isset nich.«

So standen denn vier Mann in der Hobrechtstraße und versuchten, sich die kalten Füße etwas zu vertreten. »Wißta, ick schubba 'n bisken jejen Übastunden«, meinte der Schaffner des zweiten Beiwagens, »de Raten vor't Auto sind fällich, ick brauch die Karre, wohne in Schulzendorf, wie willste da nach de Müllerstraße kommen und ooch noch pünktlich sin. In Tegel is allet voll. Na ja, wat willste machen?« (»Wat willste machen« war ein beliebter Ausspruch von so manchen im Dienst schon etwas abgestumpften BVGern.)

Friedlich vor uns hinqualmend, verbrachten wir so die wenigen Minuten bis zu unserer Abfahrtzeit um 21 Uhr 55 vor den drei Eispalästen mit den Nummern 3587, 3592 und 854, also einem Verbundzug nebst U-Boot. Man muß einmal gesehen haben, wie so ein Straßenbahnzug in jenen Jahren bei grimmiger Kälte aussah, um sich ein Bild machen zu können, wie wohl denen zumute war, die darin Dienst tun mußten. Alle Fensterscheiben waren mit dicken Eisblumen bedeckt, nur unterbrochen an den Stellen, wo Fahrgäste vergeblich bemüht waren, Löcher in die Eisschicht zu hauchen. Wir haben ja damals mit Bremsstrom geheizt, und es ist nur logisch, daß abends bei geringem Fahrgastwechsel, wo überdies noch an manchen Haltestellen durchgefahren wurde, die Wagen höchstens lauwarm wurden. Da machte auch der zweite Beiwagen keine Ausnahme, obwohl er ja mit Frischstrom geheizt wurde, weil sich die U-Boote mit ihrem großen Raum bei derartig geringer Besetzung eben auch nicht recht erwärmten. Nur die Wagen mit Vielstufenfahrschalter (T 24/49) machten da eine Ausnahme und wurden auch bei strenger Kälte schön warm.

Kurz vor der Abfahrtzeit begab ich mich als erster zum Fahrschalter, um zur unvermeidlichen Glysantinflasche zu greifen und meine Fensterscheiben gegen das Zufrieren zu schützen. Das war auch so ein Problem, denn das Glysantin wirkte zwar sehr gut, aber ein dünner Schmierfilm auf den Scheiben, der dann sämtliche Straßenlichter reflektierte, ließ sich trotzdem nicht vermeiden. Wir mußten eben die kleinen Schwierigkeiten im Sommer wie im Winter mit den einfachsten Mitteln bewältigen.

Als wir dann nach der Abfahrt die Schleife am Hermannplatz hinter uns hatten und in die Hasen-

Nachtdienst im Winter. Beschlagene Fensterscheiben und aufgeregte Fahrgäste hat Benno Wundshammer 1954 in der Potsdamer Straße aufgenommen. (Bildarchiv Preußischer Kulturbesitz)

heide eingebogen waren, legte ich gleich von Anfang an tüchtig drauf, denn am Sportpalast war ja nun einiges zu erwarten, und wir würden den Zug sicherlich volladen müssen. So war es auch. Der Verkehrsmeister an der Potsdamer Straße ließ uns nicht eher abfahren, bis tatsächlich niemand mehr in die Wagen hineinging. Für den Rest der Fahrgäste kam übrigens noch ein E-Wagen hinter uns her. Wo der herkam, weiß ich nicht, vermutlich aus der Baerwaldstraße, geachtet habe ich nicht darauf. Die Fahrt mit der vollen Fuhre ging aber reibungslos vonstatten, und nun, da wir den vollen Zug dauernd bremsen mußten, wurden auch die Wagen warm. In Moabit war der ganze Zauber dann vorbei, die Wagen wurden immer leerer, und an den Haltestellen war deutlich der Hinweis des Schaffners vom zweiten Beiwagen zu vernehmen, daß er an den Friedhöfen abhängen würde, was er uns natürlich schon in Neukölln mitgeteilt hatte. Gleich nachdem wir den Beiwagen losgeworden waren, gab es einen kleinen unbedeutenden Zwischenfall in der Seestraße. Während ich mit voller Kraft durch die Seestraße fuhr, bemerkte ich plötzlich, noch ein ganzes Stück vor der Haltestelle Amrumer Straße, wie sich ein Schatten torkelnd auf einen kleinen Übergang zubewegte und auch auf anhaltendes Klingelzeichen nicht reagierte. »Elendes Mistvieh«, dachte ich laut und vernehmlich, während ich die Gefahrenbremsung einleitete und den Sandstreuer aufzog. Kurz bevor der Zug zum Stillstand kam, sah ich eine offenbar betrunkene Frau gerade noch vor dem Zug von den Gleisen zurückwanken. Auf mit dem Schiebefenster! »Du besoffene Kuh, scher dich zum Teufel!« Fenster zu.

An der Grüntaler Straße erwartete uns dann das, was wir in manchem Tagesdienst während des Berufsverkehrs so gut hätten gebrauchen können, nämlich 38 Minuten Haltezeit. Sie entstand durch die Erweiterung des Fahrabstandes auf 20 Minuten und dadurch, daß alle letzten Züge ab Grüntaler Straße naturgemäß vom Betriebshof Britz gefahren wurden. Ich hatte sogar die Absicht, diese lange Haltezeit noch um ein paar Minuten zu überziehen. Wie sollte man nur fahren und wo sollte man bleiben, wenn nicht das Geringste los und die Fahrzeit die gleiche wie am Tage war. »Daste uff de Rückfahrt ooch ja an jede Haltestelle anhältst, sonst sind wa bis Britz erfrorn«, hatte mich mein Triebwagenschaffner bereits vorher ermahnt.

»Kommste mit bei Paula'n?« »Auf einen Tee ja, aber ich gehe dann wieder.« »Paula« war die einzige Kneipe weit und breit, die um diese Zeit noch geöffnet hatte, und ich wußte genau, daß die beiden sich durch mehrere Körner oder ähnliche Klare erwärmen würden. Für mich war die Versuchung zu groß, ich habe damals während des Dienstes niemals Alkohol getrunken und wollte auch heute keine Ausnahme machen. Bei den Schaffnern war das ja nicht so schlimm, und bei dieser Kälte würden die meisten auch Verständnis für eine kleine Fahne aufbringen, aber beim Fahrer nicht.

Nachdem ich meinen Tee getrunken hatte, machte ich einen kleinen Winterspaziergang durch die Gegend, immer so, daß ich unseren Zug sehen konnte. Er sollte eigentlich sowieso nicht allein gelassen werden, obwohl zu jener Zeit noch niemand auf den Gedanken kam, die Scheiben einzuwerfen oder die Wagen mit Losungen zu beschmieren.

Die Nacht war klar und sehr kalt. Die Schneeflächen der benachbarten Laubenkolonien leuchteten und glänzten, und überall war Stille. Ich bin dann zur Bornholmer Brücke hochgegangen, wo man so gut über das Bahngelände sehen kann. Auch hier überall Ruhe, lediglich unterbrochen durch die Auspuffschläge einer preußischen T 12, das Scheppern zusammenrangierter Güterwagen oder das Fahrgeräusch eines S-Bahnzuges oder von der anderen 3 jenseits der Grenze in der Wisbyer Straße.

Abfahrtzeit war 23 Uhr 53, und so um zwölf rum machten wir uns dann auf unseren langen Heimweg. Natürlich froren wir jetzt richtig. Jeder war müde, und die Kälte machte auch nicht Halt vor zwei Paar Unterhosen, zwei Paar Wollsocken, den Filzstiefeln und dem dicken Fahrerpelz. So schaukelten wir gemächlich durch die Gegend, und ich habe es so eingerichtet, daß wir an allen Umsteigestellen pünktlich waren, eventuelle Anschlüsse

Straßenbahn-Haltestelle auf dem Kurfürstendamm. Diese »Schlanksäule« wurde in den dreißiger Jahren eingeführt; Aufnahme um 1953. (Industriefoto Gerhard Kölling)

mitnahmen und auch am Mehringdamm nicht zu früh eintrafen.

Dann aber ging es los – und wie! Hoffentlich stiegen nicht jetzt noch Fahrgäste ein und hielten uns auf, denn wir mußten ja damals auf den Aussetzfahrten wartende Fahrgäste mitnehmen. Heute steht an den Autobussen zwar auch »Britz Gradestraße«, aber wozu eigentlich? Der Bus hält doch sowieso nicht an, von der Fahrgastbeförderung ganz zu schweigen. Aber bei uns war das damals anders, wehe uns, wenn wir nicht anhielten.

Aber es ging alles wunderbar glatt. Wie die wilde Jagd ging es dem ersehnten Feierabend zu, und die grüne Welle ab Hermannplatz wurde voll ausgenutzt. Den Silbersteinberg hinauf und ab Hermannstraße wieder eine Rennstrecke mit gerade neu eingebauten Gleisen. Na ja, 15 Minuten sind da schon herausgefahren worden, manchmal mehr, manchmal etwas weniger, aber hier hinderte uns kein Fahrplan mehr, wenigstens kein öffentlicher. Auf dem Hof war man eigentlich recht großzügig, und es hat selten offizielle Kontrollen gegeben. Erbost waren wir allerdings, wenn sich die Frau des Vorstehers auf den Balkon stellte und ihrem Mann beim Abendessen an Hand des Fahrplans dann mitteilte, daß dieser oder jener Zug wieder zehn Minuten zu früh eingetroffen sei. Das hat es tatsächlich gegeben – leider.

Vor der Hofeinfahrt in der Gradestraße stand Kurt, der Hofarbeiter, mit seinem Handweichensteller und hatte die ankommenden Züge und Wagen einzuweisen. »Rrrrückwäährts auf 16«, rief er mir zu, als ich das Schiebefenster öffnete, um seine Anweisung entgegenzunehmen. »Mit einem Verbundzug?« wagte ich verdutzt zu fragen. »Wenn ich rückwärts sage, fährst du rückwärts – und basta!« schrie er.

Meine Schaffner waren schon abgestiegen, um abzurechnen. Etwas Zeit bis der Nachtwagen am Britzer Damm abfuhr war noch, und so stapfte ich langsam über den verschneiten Hof zum Fahrerraum hinüber, um zu sehen, ob es etwas Neues gab. Mein Dienst für den nächsten Tag war schon abgeschrieben, aber man hätte ja einen Zettel dran haben können oder ähnliches. Außerdem wollte ich mir gleich noch ansehen, mit welchen Schaffnern ich es am nächsten Tage nachmittags auf der 6 zu tun haben würde. Ein paar Aushänge waren natürlich auch wieder erschienen: Auf der 95 ist darauf zu achten, daß … – Die Verwaltung wünscht nicht, daß … – Der Vorsteher ordnet an, daß … Immer derselbe Quatsch, und das um halb zwei in der Nacht.

Im Mannschaftswagen wurde dann der neueste Bahnhofsklatsch erzählt: »Haste schon jehört: Der Alex hat auf'm 47Eer 'n Dreibein hopp jenommen, hat aber keine Schuld.« – »Du, stimmt et, daß die Lisa nich mehr mit'n Gerhard zusammen is? Hat ihr wohl doch zuviel jesoffen.« Und so weiter. Ich habe da immer mehr oder weniger interessiert zugehört, aber im Nachtwagen erfuhr man zuweilen mehr Neues als durch die blöden Aushänge.

Einer nach dem anderen aus der müden Gesellschaft verabschiedete sich dann mit: »Na, denn jute Nacht ooch allerseits«, und schließlich war man selber am Ziel. Wieder war ein Tag beendet, von dem man vorher nicht wußte, ob er so gut verlaufen würde, denn kein Tag war so wie der andere, und jeder Dienst war vom anderen völlig verschieden.

Gegen 2 Uhr 30 habe ich dann das Licht ausgemacht, um ein paar Stunden zu schlafen, bis mein diensteifriger Briefträger mich aus den Federn klingeln würde.

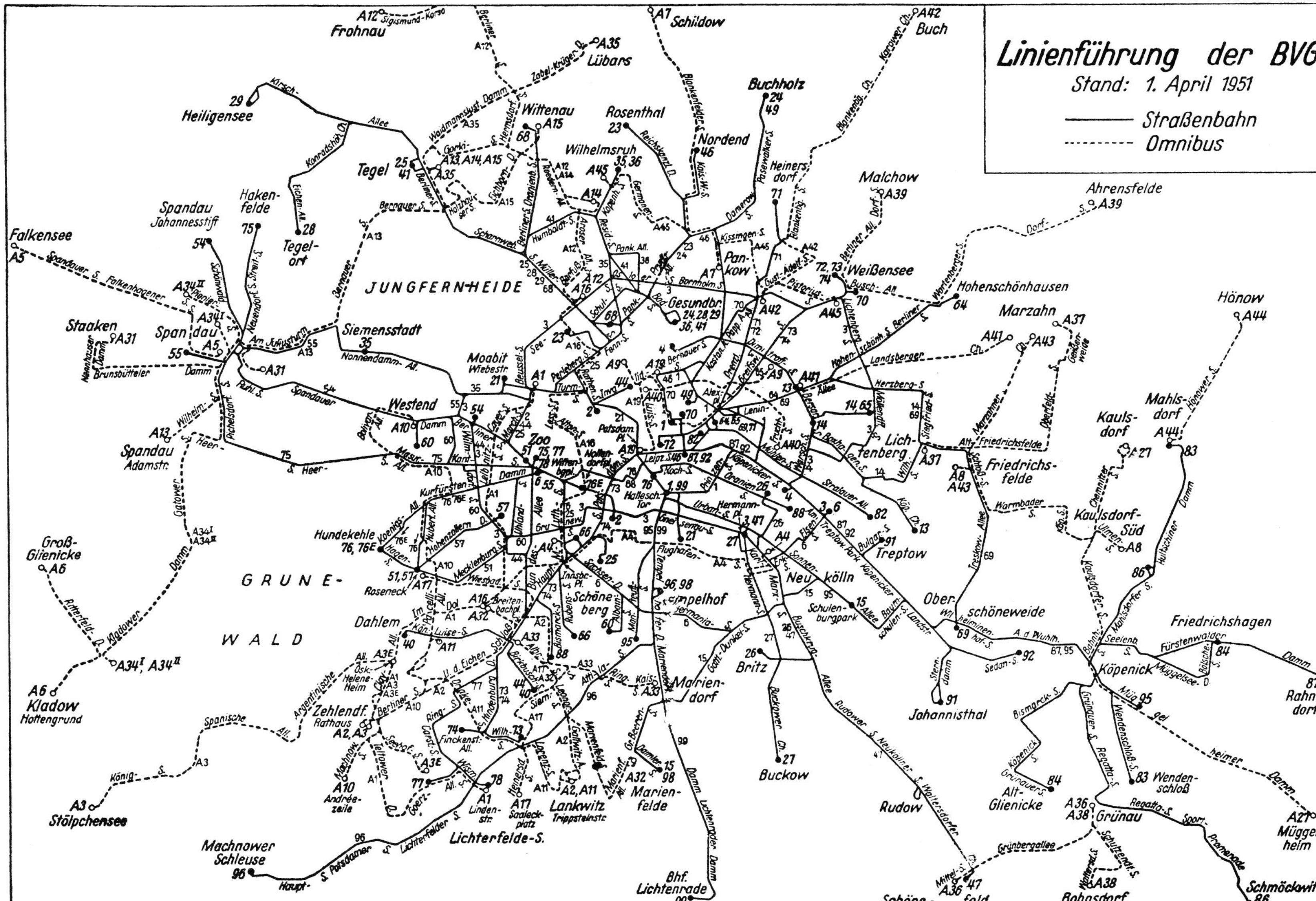

Das Netz. Sämtliche Straßenbahnlinien und Autobuslinien in Ost und West standen noch im BVG-Fahrplanheft vom 1. April 1951. (BVG-Karte)

Meine Linien

Was ich Ihnen hier geben möchte, ist eine kleine Betrachtung der vom Betriebshof Britz aus in den Jahren zwischen 1951 und 1961 betriebenen Linien und der darauf eingesetzten Trieb- und Beiwagen aus der Sicht des Fahrers oder des Schaffners.

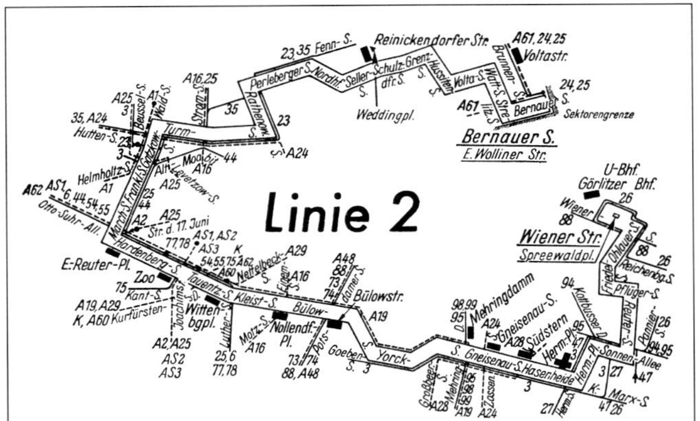

Wiener Str., Spreewaldplatz (0) — Hermannplatz E. Hasenheide (7) — Südstern (10) — Zossener Straße (14/13) — Mehringdamm (16/15) — Goebenstr. E. Bülowstr. (22/20) — Potsdamer Straße (24/22) — Nollendorfplatz (26/24) — Wittenbergplatz (30/28) — Kantstr. E. Joachimstaler Str., Bhf. Zoo (33/31) — U-Bhf. Ernst-Reuter-Platz (38/35) — Gotzkowskystr. E. Turmstr. (46/42) — Stromstr. (50/46) — Turmstr. E. Rathenower Straße (52/48) — Fennbrücke/Nordhafen (58/53) — Weddingplatz (61/56) — Humboldthain (65/60) — Usedomer Straße (68/63) — Brunnenstr. (70/65) — **Bernauer Str. E. Wolliner Str.** (Sektorengr.) (71/66).

Streckenplan der Straßenbahnlinie 2 vom 1. Oktober 1958. (BVG-Karte)

Vor ihrer Verlängerung über Sonnenallee – Reuterstraße – Ohlauer Straße zum Spreewaldplatz wurden für die Linie 2 drei Züge vom Betriebshof Britz und die übrigen Züge vom Betriebshof Moabit gestellt. Vom Betriebshof Britz kamen ausschließlich TM 31 U und B 24 zum Einsatz.

Diese Linie war für das Fahrpersonal von allen Britzer Linien mit Abstand die schwerste. Für eine reine Stadtlinie war die Fahrzeit äußerst knapp bemessen, so daß dem Fahrer gar nichts anderes übrig blieb, als von Anfang an ständig auf voller Kraft zu fahren. Man konnte wirklich nur pünktlich (wenn es gut ging) oder zu spät sein. Dann gab es am Hermannplatz elf Minuten und an der Bernauer Straße 13 Minuten Haltezeit. Da an beiden Enden mit dem Beiwagen rangiert werden mußte, blieb für eine anständige Pause während eines gesamten Tagesdienstes keine Zeit. Dafür durfte man dann in der Nacht fast 30 Minuten an der Bernauer Straße frieren. So gesehen waren die sozialen Verhältnisse auf dieser Linie ein Skandal und für einen Autobusfahrer einfach undenkbar. Natürlich gab es kleine Tricks, um trotzdem über die Runden zu kommen. Es mußte eben so gefahren werden, daß man an der Martin-Luther-Straße nicht von der 25 geschnitten wurde, daß der Fahrgastwechsel am Bahnhof Zoo, am Wittenbergplatz usw. durch eindringliche Bitten der Schaffner möglichst flott vonstatten ging, und ähnliches mehr. Die Linienführung selbst war recht interessant und abwechslungsreich. Nach der Verlängerung zum Spreewaldplatz ist das Problem der Haltezeit zur Zufriedenheit des Fahrpersonals gelöst worden, denn dort gab es dann 23 Minuten Haltezeit, wobei durch die Schleifenfahrt die Rangierbewegungen entfielen. Abschließend kann

Linie 2. Ein Wagen des Typs TM 34 mit dem Zielschild »Wiener Straße« unweit der Bonifatiuskirche auf dem Mehringdamm an der Yorckstraße; um 1960. (Kunst und Bild)

noch gesagt werden, daß die Linie 2 eigentlich die Linienummer 5 hätte führen müssen, denn ihre Linienführung deckte sich – von Urban- und Blücherstraße bis zur Turmstraße in Moabit – mit der Linienführung des Ost-West-Ringes 4 bis zur Bernauer Straße.

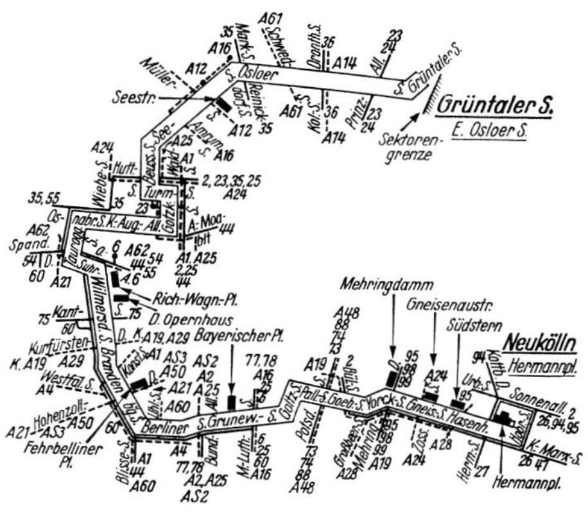

Linie 3

Neukölln, Hermannplatz, Hobrechtstraße (0) — Südstern (4) — Zossener Straße (8/7) — Mehringd. (10/9) Potsd. Str. (18/16) — Martin-Luther-Straße (24/21) — Bundesallee (27/24) Fehrbell. Pl. (32/28) Kurfürstend. (36/32) Kantstr. (39/35) — Wilmersdorfer Str. Ecke Otto-Suhr-Allee (44/39) — Luisenpl. (46/41) — Osnabrücker Str. Ecke Tauroggener Str. (47/42) — Gotzkowsky- E. Turmstraße (56/50) — Plötzensee (63/57) — U-Bhf. Seestr. (69/63) — Louise Schroeder-Pl. (73/67) Prinzenallee (77/71) — **Grüntaler Straße** (Sektorengrenze) (79/73).

Die Linie 3 war die längste Straßenbahnlinie Westberlins und genau wie die 2 eine reine Stadtlinie. Im Gegensatz zu dieser hat sie sich allerdings außerordentlich gut gefahren. Sechs Züge wurden vom Betriebshof Britz gestellt, die übrigen wurden während der fünfziger Jahre vom Betriebshof Müllerstraße eingesetzt. Während Müllerstraße ausschließlich T 24/49 als Triebwagen benutzte, wurden die Britzer Züge zeitweise mit Verbundzügen gefahren, die den Vorteil hatten, die Rangierbewegungen in der Grüntaler Straße zu ersparen. Die Fahrzeit war ausreichend, so daß man nicht wie auf der 2 jagen mußte. Wenn man die Linienführung betrachtet, erkennt man, daß die 3 nach 1945 aus zwei Vorkriegsringen, nämlich der 3 zwischen Südstern und Turmstraße und der 8 von Beusselstraße bis zum Bahnhof Frankfurter Allee hervorgegangen ist. Eine recht interessante und abwechslungsreiche Strecke, auf der es immer etwas zu sehen und zu erleben gab. Durch die Umlaufzeit von drei Stunden und zehn Minuten waren zwei Runden immer ein Dienst, wenn nicht zum Mittagsteil noch ein Frühdienstteil auf einer anderen Linie gehörte. Weil die Frühdienste sehr früh Feierabend hatten, waren die meisten mit einem Nachtwagen zum Doppeldienst gekoppelt. Die zweiten Beiwagen wurden in der Gneisenaustraße beziehungsweise in der Seestraße an den Friedhöfen an- und abgehängt. Der einzige Nachteil dieser Linie war eigentlich nur die Sorge, eventuell nicht abgelöst zu werden, denn eine Pflichtrunde ausgerechnet auf der 3 war dann doch ein recht schwerer Brocken. Zum Schluß noch einige Streckenteile, die für die starkmotorigen Triebwagen gern zu Rennstrecken erko-

Linie 3. Der Triebwagen des Typs T 24 und sein Beiwagen des Typs BM 28/25 stehen in Wilmersdorf auf der Berliner Straße; um 1958. (Kunst und Bild)

Berlin-Wilmersdorf, Berliner- Ecke Brandenburgische Strasse

ren wurden: die Hasenheide, Gneisenau-, Goltz-, Grunewald- und Berliner Straße, dann die Kaiserin-Augusta-Allee und die Seestraße. Hier wurde dann gefahren, was das Zeug hielt, und eventuelle Verspätungen konnten spielend, natürlich gegen die Dienstanweisung, wieder hereingeholt werden.

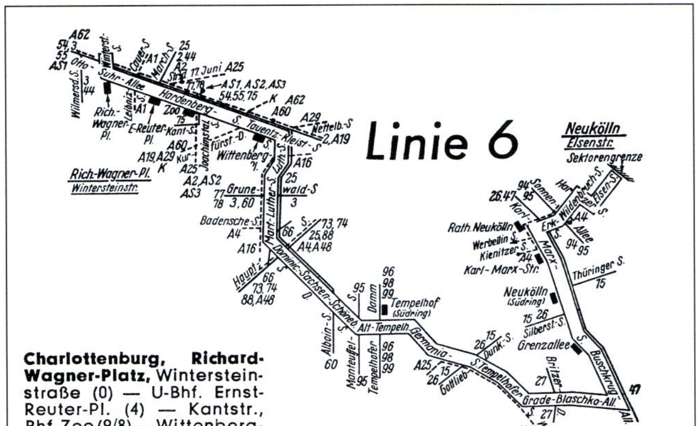

Charlottenburg, Richard-Wagner-Platz, Wintersteinstraße (0) — U-Bhf. Ernst-Reuter-Pl. (4) — Kantstr., Bhf. Zoo (9/8) — Wittenbergplatz (13/12) — Grunewaldstraße (19/17) — Rathaus Schöneberg (22/20) — Hauptstraße (24/22) — Alboinstr. (30/28) — Tempelhofer Damm (34/32) — Oberlandstr. (38/36) — Gottlieb-Dunkel-Straße (43/40) — Britzer Damm (48/45) — Buschkrug (51/48) — U-Bahnhof Grenzallee (55/52) — Bahnhof Neukölln (57/54) — U-Bahnhof Rathaus Neukölln (63/59) — **Neukölln, Elsenstraße** Ecke Heidelberger Straße (Sektorengrenze) (68/64).

Die dritte längere vom Betriebshof Britz betriebene Linie, von der man sagen muß, daß sie eine reine Stadtlinie war, war die Linie 6. Sie wurde überwiegend vom Betriebshof Britz betrieben. Betriebshof Schöneberg hatte nur drei, manchmal vier Züge. Im Gegensatz zur Linie 2 fuhr sich die 6, zumindest außerhalb des Berufsverkehrs, recht leidlich, obwohl auch auf dieser Linie an beiden Enden rangiert werden mußte. Zeitweise wurde vormittags der erste Beiwagen in der Gradestraße übergehängt, so daß die Rangierbewegungen während dieser Zeit in der Elsenstraße entfielen. Allerdings waren dann die einzelnen Triebwagen in Neukölln ziemlich stark besetzt. Das Ab- und Anhängen der Beiwagen in der Gradestraße ging relativ reibungslos vor sich; nachmittags, wenn manchmal mehrere Züge wegen Verspätung hintereinander kamen, war das Überhängen der zweiten Beiwagen schon etwas problematischer. Überhaupt der Berufsverkehr auf diese Linie: Von Neukölln aus zuerst die Wäscherei Testorp, dann die EFHA Werke, dann das große Industriegebiet in Tempelhof und schließlich Mix u. Genest (»Mist und Gehtnicht«), heute SEL. Auf der zweiten Runde dann der Rathausbetrieb für Neukölln, Tempelhof, Schöneberg und Charlottenburg, also auch genügend Herrschaften von der Verwaltung. Vor ihrer Verschrottung im Jahre 1954 liefen Hawa- und Maximum-Wagen auf der 6 (Beschreibung unter Triebwagen), später dann T 24 mit den von den Maximum-Wagen übernommenen stärkeren Motoren. Manche Triebwagen liefen schneller, manche langsamer, und davon hing es ab, ob man im Berufsverkehr zurechtkam oder nicht. Allerdings spielte auch die Einteilung eine große Rolle. Wer sich nachmittags am Richard-Wagner-Platz von der 55 schneiden ließ, war von vornherein aufgeschmissen. Fünf bis sieben Minuten Verspätung schon in Schöneberg an der Hauptstraße waren die Folge, und man kann sich leicht

Berlin-Schöneberg, Hauptstraße Ecke Dominicusstraße

Linie 6. An der Hauptstraße/Ecke Dominicusstraße, um 1958: Links der Maximumwagen 5426 nach Neukölln, rechts Linie 74E nach Lichterfelde. (Kunst und Bild)

ausmalen, wo der Zug dann blieb. Die Streckenführung war nicht besonders interessant. Die 6 glich auf ihrem gesamten Weg dem südlichen Teil des ehemaligen Südrings 6 und wurde von der Bevölkerung gern »Wüstenbahn« genannt. Die Haltezeit war ziemlich knapp, aber eigentlich bin ich immer zu einer annehmbaren Pause gekommen. Die 6 hat ja ein paarmal ihre Endstellen gewechselt, im Südosten zuerst Treptow, Elsenstraße, dann Schlesisches Tor, dann wieder Treptow, Elsenstraße und schließlich Neukölln, Elsenstraße. Im Westen waren es zuerst der Kurfürstendamm, dann die Hardenbergstraße und zum Schluß der Richard-Wagner-Platz. In ihrer Linienführung blieb sie sich aber immer gleich, bis auf die Abkürzung über Silbersteinstraße und Mariendorfer Weg vor der Wiedereröffnung der Wilhelm-Borgmann-Brücke.

Linie 15. Ein Hawa-Triebwagen auf der Linie 15 an der Endstelle Schulenburgpark in Neukölln, etwa 1958 aufgenommen. (BVG-Foto)

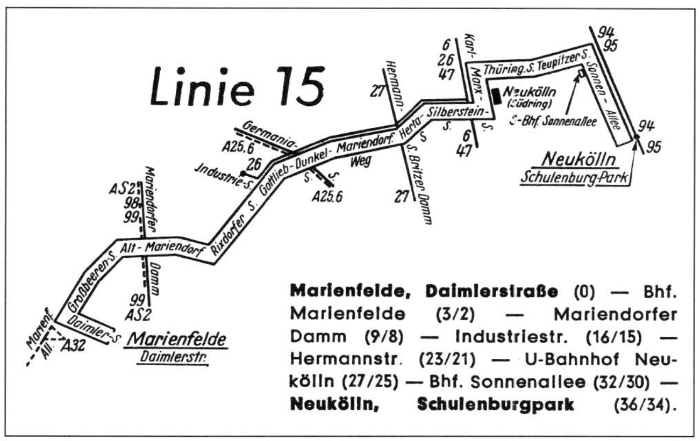

Aufgaben zu erfüllen. Sie bediente das Arbeitsamt in der Sonnenallee, die Frauenklinik am Mariendorfer Weg und die diversen Friedhöfe an der Rixdorfer Straße. Nicht zu vergessen ist auch das später entstandene Sommerbad Mariendorf, das ebenfalls einen lebhaften Fahrgastverkehr mit sich brachte. Die 15 fuhr sich ausgesprochen gut, wie eigentlich alle Linien mit einer Umlaufzeit von 90 Minuten (26,47 Kilometer). Den Einsatz teilten sich die Bahnhöfe Britz und Tempelhof mit je drei Zügen. Bis etwa zum Jahre 1954 kamen von Britz Vierachser und von Tempelhof Hawa-Wagen (Tempelhof hatte wegen des Mehringberges keine Maximum-Wagen), später dann die starkmotorigen T 24 zum Einsatz. Im Berufsverkehr wurde die 15 durch zahlreiche Einsetzzüge, teils einfach, teils doppelt behängt, vom Betriebshof Britz verstärkt. Die Haltezeit war an beiden Enden ausreichend und

Als Querverbindung von Neukölln über Tempelhof und Mariendorf nach Marienfelde war die Linie 15 eine außerordentlich wichtige Linie, besonders für den Berufsverkehr in die Industriegebiete von Tempelhof und Marienfelde. Daneben hatte sie aber auch noch verschiedene andere wichtige

sowohl am Schulenburgpark als auch in Marienfelde im Sommer eine wirkliche Erholung. Fahrschwierigkeiten gab es nicht, weil die Fahrzeit ausreichte und für die gute Hälfte des Weges ein eigener Bahnkörper zur Verfügung stand.

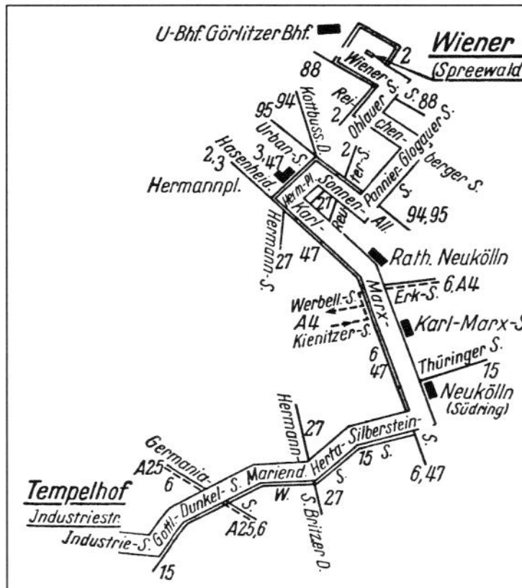

Linie 26

Wiener Straße, Spreewaldplatz (0) — Glogauer Str. (4) — Hermannpl., Hasenheide (9) — Erkstr., Rath. Neukölln (14/13) — Bahnhof Neukölln (20/18) — Hermannstraße (24/22) — Germaniastraße (28/25) — **Tempelhof,** Industriestraße (31/28).

Die erste Endstelle der Linie 26 an der Wilhelm-Borgmann-Brücke muß als Provisorium betrachtet werden. Es war von Anfang an geplant, eine Verbindung von Kreuzberg zum Industriegebiet in Tempelhof zu schaffen. Da aber wegen der zerstörten Brücke bereits die Linie 6 über die Silbersteinstraße fuhr, das große EFHA Werk aber unbedient war, richtete man eine Linie von Wilhelm-Borgmann-Brücke, Gradestraße, Blaschkoallee, Buschkrugallee zum Bahnhof Neukölln ein, nannte sie Linie 26 und verlängerte sie später nach Kreuzberg zum Spreewaldplatz. Als die Brücke aufgebaut war, erhielt die Linie 6 ihre ursprüngliche Wegführung und die Linie 26 ihren geplanten Endpunkt an der Industriestraße. Die Linie wurde vollständig vom Betriebshof Britz betrieben und im Berufsverkehr durch Einsetzzüge verstärkt. Da von den sechs Zügen nur drei doppelt behängt wurden, kamen stark- und schwachmotorige Triebwagen zum Einsatz, meistens T 24, zeitweise aber auch T 33 U oder TM 31 U.

Die 26 war eine sehr angenehme Linie mit ausreichender Fahrzeit und recht großzügigen Pausen sowohl am Spreewaldplatz als auch in der Industriestraße. Zu erwähnen ist noch, daß morgens nach dem Berufsverkehr beide Beiwagen abgehängt wurden. Der erste Beiwagen kam mittags wieder ran. Die Fahrt durch Neukölln war immer abwechslungsreich, die Wagen immer gut besetzt, aber niemals überfüllt. Man brauchte nicht jagen und kam doch immer pünktlich an.

Linie 26. Ein Wendemanöver mit dem Stube-und-Küche-Wagen des Typs T 33 U auf der Tempelhofer Industriestraße im Juni 1963. (Deutsches Technikmuseum Berlin)

Begegnung auf dem Hermannplatz im Juni 1963. Links die Straßenbahnlinie 3 zur Osloer Straße, rechts die Linie 26 zur Industriestraße. (Deutsches Technikmuseum Berlin)

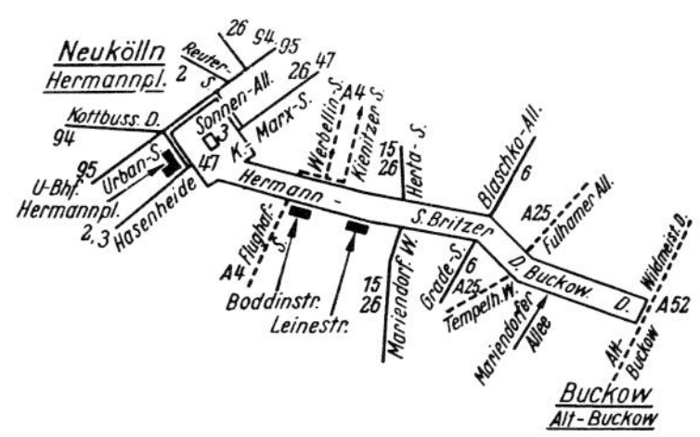

Linie 27

Neukölln, Hermannplatz, Hobrechtstr. (0) — U-Bhf. Boddinstr. (5) — U-Bhf. Leinestr. (8/7) — Bhf. Hermannstr. (10/9) — Hertastr. (11/10)—Gradestr. (16/15) Mariendorfer Allee (19/18)— Zimmererweg (22/21) — **Buckow, Alt-Buckow** (26/24).

Diese Linie durchfuhr genauso wie die Linie 47 auf ihrer gesamten Wegführung nur einen einzigen Straßenzug mit verschiedenen Namen. Sie war eine sogenannte Außen- oder Zubringerlinie und führte, zur damaligen Zeit wenigstens, aufs Land. Wenn auch die Fahrzeit nach Buckow wesentlich kürzer war als die nach Rudow, gab es doch ab Mariendorfer Allee zu beiden Seiten Kornfelder und als Endpunkt ein Dorf. Alle Züge der 27 wurden vom Betriebshof Britz eingesetzt, im Berufsverkehr doppelt behängt und mit starkmotorigen Triebwagen (erst Vierachser, dann T 24, zeitweise Verbundzüge und zuletzt T 24/49) gefahren. Die Schwerpunkte des Fahrgastwechsels waren die Umsteigestellen an der Gradestraße, Hertastraße, S-Bahnhof Hermannstraße, U-Bahnhof Leinestraße und am Hermannplatz.

Es war kein einfacher Dienst auf der 27; das Rangieren in Buckow war ziemlich umständlich, und am Hermannplatz gab es nur fünf Minuten Haltezeit. Außerdem waren die Wagen zeitweilig, nicht nur im Berufsverkehr, sehr stark besetzt, die U-Bahn mußte an der Leinestraße abgewartet werden (welchem Busfahrer würde das heute einfallen?), und überhaupt war recht viel Geduld nötig. Durch die relativ kurze Strecke gingen die Dienste über sieben Runden, und am Ende wußte jeder, was er getan hatte.

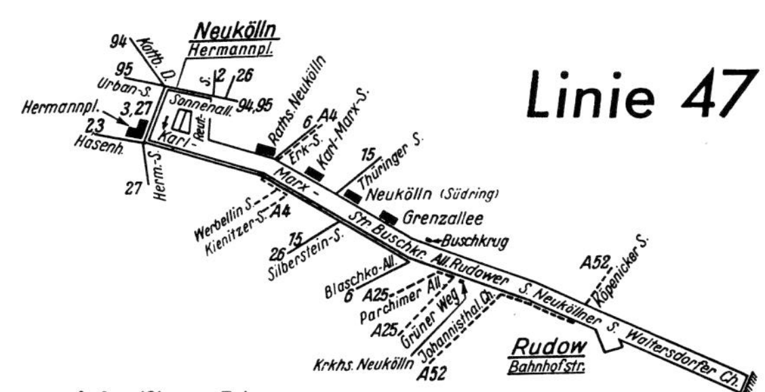

Linie 47

Hermannplatz (0) — Erkstraße, Rathaus Neukölln (5/4) — U-Bahnhof Neukölln (11/9) — U-Bhf. Grenzallee (14/12) — Buschkrug (17/15) — Krankenhaus Neukölln (23/21) — Wildmeisterdamm (29/26) — **Rudow, Bahnhofstr.** (34/31).

Anschließend Pendelbetrieb bis zur Stadtgrenze (Fahrzeit: 6 Min.).

Diese Linie war meine besondere Lieblingslinie. Sie fuhr sich gut, hatte keine Kuppelendstelle, wurde nur mit Sitzwagen gefahren und war immer interessant. Alle Züge wurden vom Betriebshof Britz eingesetzt und im Berufsverkehr durch Einsetzer verstärkt, die teilweise bis Rudow durchfuhren und einen Fünf-Minuten-Abstand herstellten oder am Krankenhaus Neukölln endeten. Zum Einsatz kamen TF 50 (Panzerzüge), Verbundzüge und T 24/49.

Linie 27. Ansturm auf einen Zug nach Alt-Buckow in der Hermannstraße, aufgenommen von Hans Hartmann im Juni 1963. (Deutsches Technikmuseum Berlin)

Linie 47. Ein doppelt behängter Triebwagen T 24 auf dem Weg nach Rudow an der Magdalenenkirche in der Karl-Marx-Straße, etwa 1953. (Industrie-Fotografen Klinke)

Fahrzeit und Haltezeit waren ausreichend bemessen, und obwohl in der engen Karl-Marx-Straße ja starker Straßenverkehr herrschte, sind wir doch immer durchgekommen. Die Ausnahme bildete für alle durch diese Straße fahrenden Linien der Umstand, daß es von Zeit zu Zeit Ärger mit den zwischen den U-Bahneingängen parkenden Autos gab. Obwohl die Parkfläche durch weiße Striche begrenzt war, stellten einige der Abgaskünstler ihre Karren so hin, daß deren Profil in unser Gleisprofil hineinragte. Die gerufene Feuerwehr hat dann dem Übel unter Zurücklassung einer entsprechenden Anzeige abgeholfen. Wir sollten die Fahrzeuge aus rechtlichen Gründen nicht anfassen, sondern lieber eine Verspätung in Kauf nehmen. Wenn man dann durch Neukölln durch war, kam die Buschkrugbrücke! Während des Wiederaufbaues mußten wir jahrelang eine eingleisige Notbrücke benutzen, die nur für den Straßenverkehr und für die Fußgänger gebaut war. Sie wurde durch Signalkontakte gesichert, und das Befahren dieser Kontakte war jedesmal eine Gaudi für sich. Bis auf einen halben Zentimeter an den Kontakt herangefahren und bei Grün sofort los. Viele Schaffner sind abgestiegen und haben uns herangelotst, und wer das beste Augenmaß dabei hatte, dessen Zug kam eben zuerst durch, denn gewartet hat fast immer ein Zug. Das gleiche Spielchen traf natürlich auch für die Linie 6 zu.

Hinter dem Buschkrug wurde es dann grün, und nach Abfahrt vom Krankenhaus war man auf dem Lande – damals! Auch die Strecke der 47 verlief ja wie bei der 27 durch einen einzigen Straßenzug mit verschiedenen Namen. Hier war aber der Fahrgastwechsel viel angenehmer. Er spielte sich immer in Richtung Buschkrug ab, das heißt, bis dahin wurde in beide Richtungen zugestiegen, dann nur noch (bis auf kleine Ausnahmen in Neukölln) ausgestiegen. Auch an der Grenzallee mußte die U-Bahn abgewartet werden, aber was soll's, wenn man am Buschkrug pünktlich war, konnten immer noch ein paar Minuten bis Rudow herausgefahren werden. Trotz der teilweise ziemlich abgewirtschafteten Gleise wurde da draußen gefahren, was das Zeug hielt. Später wurden die meisten Gleise ausgewechselt, und dann ging es noch schneller. Ja, die 47 war eine feine Sache, wenngleich man zunächst einmal eine Stinkwut hatte, wenn sich ein Panzerzug an der Ablösestelle blicken ließ. Näheres über diese herrliche Nachkriegsschöpfung finden Sie bei meiner Beschreibung der Wagen.

Noch ein paar Wort zum Pendelwagen der Linie 47: Als die Linie 47 von Schönefeld aus politischen Gründen bis zur Stadtgrenze zurückgezogen werden mußte, suchte man nach einem Ausweg, um die in der Nähe der Stadtgrenze gelegenen Siedlungen weiterhin durch die Straßenbahn bedienen zu können. Die Stammlinie dort enden zu lassen, wäre zum einen unwirtschaftlich gewesen, denn das Fahrgastaufkommen dort hinaus war sehr gering, und zum anderen hätte man die gesamte Strecke restlos erneuern müssen, denn das rechte Gleis war für den Fahrgastverkehr nicht mehr zu gebrauchen. So entschloß man sich, auf dem linken Gleis einen Pendelbetrieb mit einem einzelnen Wagen einzurichten. Zu Anfang fuhr dieser Pendelwagen mit Schaffner, später dann wurde er zum einzigen Einmannstraßenbahnbetrieb in Westberlin. Beim Einmannbetrieb durften nur noch T 33 U verwendet werden, bei denen grundsätzlich vorne eingestiegen werden mußte. Auf Drängen der Personalvertretung wurden die Wagen 3702 und 3704 mit Frischstromheizung ausgerüstet (als die einzigen beiden Triebwagen in Westberlin), und einer von ihnen mußte im Winter immer für den Pendelwagen einsatzbereit sein, denn es war zuweilen bitter kalt da draußen. Sonst fuhr sich der Pendelwagen sehr schön ruhig, weil jeglicher Straßenverkehr fehlte und die fünf Haltestellen auf eigenem Bahnkörper gefahren wurde. Der Fahrabstand war am Tage alle 30 Minuten und im Berufsverkehr ohne Haltezeit alle 20 Minuten, jeweils als Anschluß an einen aus Berlin kommenden Tourenwagen. Wie gesagt, der Dienst war angenehm, galt auch als Schaffnerdienst und wurde außerhalb des Turnus nur an die Fahrer vergeben, die alle drei Monate Schaffnerdienst leisten mußten. Die wenigen Fahrscheine, die dort verlangt wurden, machten jedoch keine Mühe. Der Pendelwagen wurde schon vor der Einstellung der 47 auf Busbetrieb umgestellt.

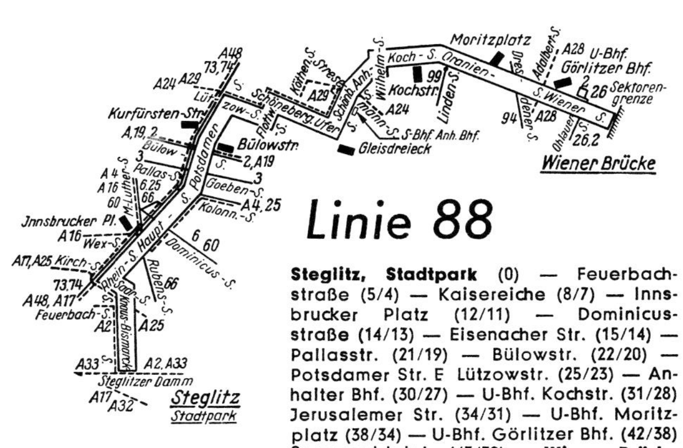

Linie 88

Steglitz, Stadtpark (0) — Feuerbachstraße (5/4) — Kaisereiche (8/7) — Innsbrucker Platz (12/11) — Dominicusstraße (14/13) — Eisenacher Str. (15/14) — Pallasstr. (21/19) — Bülowstr. (22/20) — Potsdamer Str. E Lützowstr. (25/23) — Anhalter Bhf. (30/27) — U-Bhf. Kochstr. (31/28) Jerusalemer Str. (34/31) — U-Bhf. Moritzplatz (38/34) — U-Bhf. Görlitzer Bhf. (42/38) Spreewaldplatz (43/39) — **Wiener Brücke** (Sektorengrenze) (45/41).

Den drei Zügen der Linie 88, die vom Betriebshof Britz aus mit TM 31 U gefahren wurden (die anderen Züge stellte Schöneberg mit T 33 U), hat wohl niemand ernsthaft eine Träne nachgeweint, als sie verschwanden. Diese Linie fuhr sich genauso schlecht wie die 2, wenn auch die Fahrzeit reichlicher bemessen war. Auch hier mußte an beiden Enden rangiert werden. Das Publikum, besonders aus Steglitz, war überall berüchtigt, besonders während der Arbeitslosenzeit auf dem Wege zum Arbeitsamt in die Charlottenstraße. Man ließ unsere Bank umdrehen, weil wir ihnen angeblich in die Fenster sahen, und es gab Beschwerden wegen einer halben Minute Fahrzeitdifferenz. Auch sonst war mit den Herrschaften dort nicht viel los, als hätten wir die Schuld daran gehabt, daß sie arbeitslos waren. Auch die Fahrstrecke war irgendwie unangenehm. Langweilig bis zur Potsdamer Straße, und dann viel Verkehr. Während des Wiederaufbaues der Schöneberger Brücke wurde die Linie dort geteilt, und die Fahrgäste mußten über die Brücke laufen. Da war erst recht der Teufel los. Die Hawa-Beiwagen mußten auf der Steigung der

Linie 88. Mit Karacho klappert der Triebwagen des Typs TM 31 U unter der Hochbahnstrecke am Görlitzer Bahnhof hindurch; März 1961. (Deutsches Technikmuseum Berlin)

Linie 94. An der Endhaltestelle Oranienplatz wartet ein solo fahrender Triebwagen des Typs TM 31 U auf Fahrgäste; um 1950. (Sammlung Günther Schmidt)

Brücke abgehängt werden. Aus Zeitnot, weil wir wegen des Arbeitsamtes dort immer spät ankamen, ließen manche Schaffner die Wagen entgegen der Vorschrift herunterrollen, und dann wurden die Wagen von den bereits wartenden Fahrgästen gestürmt, ehe die Rangierbewegungen beendet waren. Es mußte über Kletterweichen rangiert werden, die erst später durch Gleiswechsel ersetzt wurden. Nach langem Drängen bekamen wir für den Rest der Bauzeit Verbundzüge auf unserem Teilstück der 88, und es ist jammerschade, daß davon kein Bild existiert. Nun ging es natürlich wesentlich besser, aber trotzdem: die ganze 88 – na ja! Hervorgegangen war die Linie aus dem Zusammenschluß der Linien 93 (Wiener Brücke – Dönhoffplatz) und der bereits bestehenden 88 zwischen Kurfürstenstraße und Steglitz. Insgesamt gesehen, war ja die Verbindung zwischen Steglitz und Kreuzberg gar nicht schlecht, aber es wäre vielleicht besser gewesen, für das Arbeitsamt am Vormittag E-Wagen zwischen Görlitzer Bahnhof und Schöneberg, Belziger Straße, einzusetzen, wie es auf der 95 üblich war.

Linie 94
Schulenburgpark – Oranienplatz

Die Linie führte vom Schulenburgpark über die Sonnenallee zum Hermannplatz und von dort über den Kottbusser Damm und das Kottbusser Tor zur Dresdener Straße bis zum Oranienplatz.

Diese Linie war ein regelrechter »Stoppelhopser«. Im Grunde genommen war sie nichts weiter als eine verlängerte 95E als Konzession an die Kaufleute auf dem Kottbusser Damm, die jahrelang vergeblich die Wiedereinrichtung einer Straßenbahnlinie für ihre Straße gefordert hatten. Die 94 hat sich trotz der acht Runden eines Dienstes sehr gut gefahren. Man konnte gemütlich arbeiten und kam immer zurecht. Die Beiwagen hängten mittags nach Schließung des Arbeitsamtes ab, und dann wurde bis Betriebsschluß solo gefahren. Alle vier Züge wurden vom Betriebshof Britz eingesetzt und zunächst T 24 mit Hawa-Beiwagen, dann TM 31 U und schließlich T 33 U mit B 24 gefahren. Fahrzeit und Haltezeit waren reichlich, und auch das Rangieren an der gemeinsamen Endstelle mit der 15 klappte reibungslos. Stark besetzt waren die Wagen nur vormittags zum Arbeitsamt und manchmal nachmittags im Berufsverkehr.

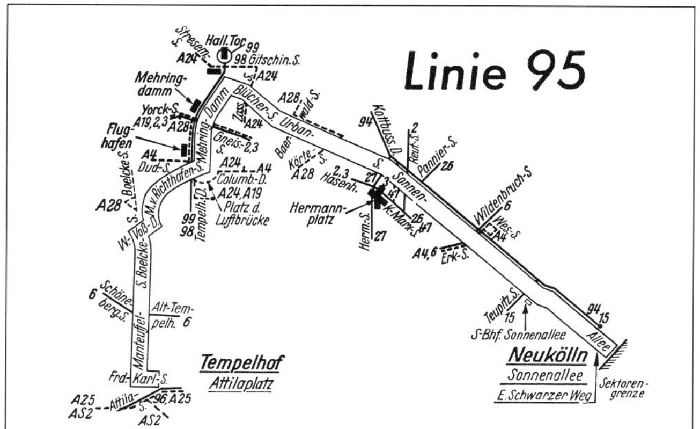

Tempelhof, Attilapl. (0) — Berlinickepl. (3) — Adolf-Scheidt-Pl. (7/6) — U-Bhf. Flughafen (11/10) — Gneisenaustr./Yorckstr. (15/14) — Hallesches Tor (18/16) — **Zossener Str.** (19/17) — Baerwaldstr. (21/19) — Hermannplatz (27/25) — Erkstr. (32/30) — Bhf. Sonnenallee (36/34) — Schulenburgpark (40/38) — **Sonnenallee E. Schwarzer Weg** (Sektorengr.) (42/40).

Die Linie 95 war eine der wenigen Linien, deren Betrieb auch nach der Netztrennung der BVG über die Sektorengrenze hinweg durchgehend aufrechterhalten wurde. Sie verkehrte von Köpenick, Krankenhaus bis zum Attilaplatz, wobei die Schaffner an der Sektorengrenze am Schwarzen Weg gewechselt wurden. Diese Linie wurde von beiden Verwaltungen anteilmäßig bedient. Als wegen betrieblicher Differenzen zwischen den beiden BVG-Verwaltungen auch diese Linie geteilt wurde, endeten die Züge in Westberlin am Schwarzen Weg, wo für die Rangierbewegungen eine Umfahrung eingebaut wurde. Von den acht notwendigen Zügen stellten die Bahnhöfe Britz und Tempelhof je vier, die zunächst von Tempelhof mit T 24/B 25 und von Britz mit TM 31 U/B 24 gefahren wurden. Später kamen von beiden Bahnhöfen Verbundzüge zum Einsatz.

Obwohl früher an beiden Endpunkten rangiert und vor Einführung der Scherenstromabnehmer am Attilaplatz fünfmal die Stange herumgetragen werden mußte, war die 95 immer eine recht angenehme Linie. Fahrzeit und Haltezeit waren ausreichend bemessen, die Wegführung durch Neukölln, Kreuzberg und Tempelhof schon deshalb sehr angenehm, weil mir die Gegenden von Kindheit an vertraut waren. Es gab immer etwas zu sehen, und man brauchte sich niemals abzuhetzen, schon gar nicht, als später die Verbundzüge auf dieser Linie eingesetzt wurden. Doppelt behängt wurden nur einige Touren im Berufsverkehr gefahren, und der

Linie 95. Die Zielschilder dieser Wagen des Typs T 24/49 am Halleschen Tor lauteten 1965: »Sonnenallee (Schwarzer Weg), Sektorengrenze«. (Aufnahme Karl Weiland)

erste Beiwagen hängte dann auch gegen 21 Uhr ab. Der Fahrgastwechsel war rege, besonders vormittags zum Arbeitsamt Sonnenallee während der Arbeitslosenzeit Anfang der fünfziger Jahre. Da kein ausgesprochenes Industriezentrum bedient werden mußte, war auch der Berufsverkehr nicht übermäßig stark, und E-Wagen waren nicht notwendig.

Meine Trieb- und Beiwagen

Die »Familie Vierundzwanzig«

T 24, T 24/49 und T 25 (57–6200 und 5700)

Die Fahrzeuge des Modells 24 waren mit 500 Trieb- und 500 Beiwagen die umfangreichste Beschaffungsserie der Berliner Straßenbahnen. Sie waren schon so etwas wie ein Einheitstyp und haben über vier Jahrzehnte lang das Straßenbild Berlins beherrscht. Wegen ihrer nur geringen Abweichungen können auch die Beiwagen B 25 und B 25S sowie der T 25, der nur in einem einzigen Exemplar gebaut wurde, dieser Serie hinzugerechnet werden. Der T 25 ist hier nur der Vollständigkeit halber erwähnt, denn er verblieb nach dem Kriege im Ostteil der Stadt auf dem Betriebshof Weißensee. Von den anderen Fahrzeugen jedoch ist auch eine große Anzahl auf dem Betriebshof Britz stationiert gewesen, und sogar einer der Einzelgänger, der Beiwagen 803, war dort beheimatet.

Alle hier aufgeführten Wagen waren sowohl beim

Der Typ T 24: Aufbau und Innenräume dieser populären Berliner Straßenbahn hat der Architekt Bruno Paul gestaltet; hier der Wagen 5824. (Deutsches Technikmuseum Berlin)

Fahrpersonal als auch bei den Fahrgästen recht beliebt. Sie waren geräumig, durch die an einer Seite offenen Plattformen luftig und garantierten durch ihre Endeinstiege einen zügigen Fahrgastwechsel. Die Laufruhe während der Fahrt war gegenüber manchen anderen Fahrzeugtypen ebenfalls angenehm. Dann waren diese Wagen sehr robust und wenig störanfällig, so daß sie in Spitzenzeiten, stärker belastet und von der Fahrweise her stärker gefordert, nicht gleich Schäden befürchten ließen. Die Triebwagen waren, wie alle Bauarten aus den zwanziger Jahren und früher, als Stehwagen gebaut worden, jedoch wurden in diejenigen Wagen, die ab 1949 mit einem Vielstufenfahrschalter ausgerüstet und dann als T 24/49 bezeichnet wurden, auch gleichzeitig Fahrersitze eingebaut. Außerdem erhielten die T 24/49 60-Kw-Motoren und waren damit die leistungsfähigsten Triebfahrzeuge der Berliner Straßenbahn überhaupt und in der Lage, zwei der schweren Beiwagen BDM 26 (Bullen genannt) zu ziehen.

Auch bei den übrigen T 24 wurden Veränderungen in der Leistungsfähigkeit vorgenommen. Nach der Ausmusterung der Maximum-Wagen wurden deren 45-Kw-Motoren in eine ganze Anzahl T 24 eingebaut, so daß diese in der Lage waren, zwei Beiwagen zu ziehen. Die restlichen T 24 behielten ihre 40-Kw-Motoren und durften, durch einen roten Strich unter der Wagennummer gekennzeichnet, nur mit einem Beiwagen behängt werden.

Wurde nach dem Kriege wegen des akuten Mangels an Triebfahrzeugen bei der BVG oft gesündigt und wurden auch schwachmotorige Triebwagen doppelt behängt, so achtete die BVG nach der Normalisierung im Triebfahrzeugbestand streng darauf, daß schwachmotorige Triebwagen nur mit einem Beiwagen behängt wurden, und dazu gehörten zunächst auch alle T 24. Außer auf den Linien 2 und 88 waren die T 24 auf allen Britzer Linien zeitweise anzutreffen und haben sich überall bestens bewährt.

Die Verbundzüge

TM 33 (3300–3355) und TM 36 (3401–3594)

War der T 24/49 für den Fahrer das angenehmste und leistungsfähigste Triebfahrzeug, so standen diesem die Verbundzüge an Beliebtheit in nichts nach. Bekanntlich waren sie durch Umbau der mißlungenen »Schützenwagen« entstanden. Dadurch, daß an den Kuppelendstellen (sofern kein zweiter Beiwagen mitgeführt wurde) nur der erste Stromabnehmer abgezogen und der andere angelegt werden mußte, entfiel das lästige Rangieren. Der Schaffner brauchte keine Türen umzusetzen, sondern hatte lediglich die Raucher- bzw. Nichtraucherschilder auszutauschen.

Durch die gemeinsame Motorenleistung beider Triebwagen war natürlich auch die Fahrleistung wesentlich höher als die eines einzelnen Triebwagens. Die Verbundzüge entstanden aus dem Umbau der Ende der zwanziger Jahre gebauten Schützenwagen, die sich in ihrer Ursprungsausführung als nicht brauchbar für den Berliner Stadtverkehr erwiesen und nach kurzer Erprobung wieder aus dem Verkehr gezogen wurden. Die beiden verschiedenen Typen 33 und TM 36 unterschieden sich hauptsächlich dadurch, daß in der zweiten Umbaustufe in die Schützenwagen eine zusätzliche Vordertür eingebaut wurde, wodurch der Fahrgastfluß etwas beschleunigt werden konnte. Alle Mitteleinstiegswagen hatten den Nachteil, daß bei starkem Andrang Verzögerungen beim Fahrgastwechsel auftreten konnten, weil dieser sich ja nur durch eine, wenn auch ziemlich breite Tür abspielte.

Die Typen TM 33 und TM 36: Ein Verbundzug mit den dicken Starkstromleitungen auf Linie 55 an der Osnabrücker Straße in Charlottenburg. (Aufnahme Karl Weiland)

Für das Fahrpersonal war bei der Bedienung der Verbundzüge allerdings etwas mehr zu beachten als bei den anderen Wagen der herkömmlichen Typen. Es gab in jedem Wagen einen Schalter, der entweder für die Fahrt als Einzelwagen oder für die Fahrt als Verbundzug eingeschaltet werden mußte. Da es beim Verbundzug auch möglich war, notfalls nur mit dem führenden oder nur mit dem geführten Wagen zu fahren, wiesen die Fahrschalter auch mehr Schaltstufen für den Umschalthebel auf als bei den Einzelwagen. Auf der Mittelplattform gab es eine Kontrollampe, die aufleuchten mußte, wenn der Scherenstromabnehmer angelegt war. Es war streng verboten, mit zwei angelegten Stromabnehmern zu fahren, weil bei den elektrischen Weichen, die mit Strom befahren werden mußten, der Stromabnehmer des zweiten Wagens die Weiche unter dem ersten Wagen wieder zurückgestellt und damit eine Entgleisung des Zuges verursacht hätte. Das Kuppeln der Starkstromkabel wurde von zwei Mann gleichzeitig vorgenommen und war aus Sicherheitsgründen über den Reparaturkanälen der Betriebshöfe untersagt.

Wie bereits erwähnt, waren die Verbundzüge außerordentlich beliebt. Sie fuhren schnell, zogen gut (auch einen BDM 26) und hatten ein charakteristisches, angenehmes Fahr- und Bremsgeräusch.

Die Stube-und-Küche-Wagen

T 33 U (3701–3760)

Man war damals mächtig stolz auf die Konstruktion dieser Wagen. Es war ein großräumiger Triebwagen geschaffen worden, ohne besondere Plattformen und mit geschlossenen Endeinstiegen. Der Großraum war durch eine Mitteltür in ein größeres Abteil für Nichtraucher (die Stube) und in ein kleines Abteil für Raucher (die Küche) unterteilt worden. Diese Tür konnte bei Mitführen eines Beiwagens offen festgestellt werden. Es waren Fahrersitze und eine Signalübertragungseinrichtung eingebaut worden, deren rote Lampen die Signale des Beiwagens anzeigten. Die Wagen hatten ein gefälliges Aussehen, und man stellte sich bei ihrer Schöpfung offenbar einen modernisierten T 24 vor. Die T 33 U genannten Fahrzeuge wären auch recht brauchbar gewesen, wenn – ja wenn sie nicht so entsetzlich schwerfällig gewesen wären. Durch einen ziemlich schweren Wagenkasten auf relativ leichtem Unterbau und durch ihre schwachen 34-Kw-Motoren kamen sie einfach nicht von der Stelle, wenn es darauf ankam. Auch der schwachmotorige T 24 erbrachte Leistung – der T 33 U tat dagegen genau das, was die Berliner Boulevardpresse damals so gern von der ganzen Straßenbahn behauptete: Er zuckelte durch die Straßen. Das mochte ja auf Linien wie der 66, der 94 oder der 26 angehen, auf schweren Stadtlinien wie der 2, der 25 und der 88 aber war diese Schleicherei eine absolute Katastrophe. Die Laufruhe der Wagen war relativ gut, nur neigten sie wegen ihres ziemlich kurzen Radstandes zu einem leichten Wippen. Ein weiterer großer Nachteil des Stube-und-Küche-Wagens war, daß das Raucherabteil häufig sehr stark besetzt war und daß ständig der Fangkorb wegen Überlastung herunterfiel, wenn das Raucherabteil in Fahrtrichtung vorn lag. Besonders auf dem Pendelwagen der 47 war es im Winter so schlimm, daß der Fangkorb entgegen den Bestimmungen hochgehängt werden mußte, damit er durch die starken Schneemassen beim herunterfallen nicht aufgerollt und damit zerstört werden konnte. Diese Mängel lagen meines Erachtens nur an dem zu schwachen Unterbau. Mit solidem Untergestell und mit 40- oder 45-Kw-

Der Typ T 33 U: Ein Fahrer steigt gerade an die Kurbel seines Stube-und-Küche-Wagens, der auf dem Mehringdamm steht (1965). (Aufnahme Karl Weiland)

Motoren ausgerüstet, wären die T 33 U dem T 24 durchaus gleichwertig gewesen. Schade um die gute Idee!

U-Boote und Bullen

BM 28/35 (851–880), BM 28/37 (881–900) und BDM 26 (1501–1550)

Auch die Beiwagen hatten zuweilen ihre Spitznamen, und so hießen die zweiachsigen Mitteleinstiegsbeiwagen U-Boote und die schweren Vierachser Bullen. Alle Mitteleinstiegsbeiwagen waren sehr geräumige Fahrzeuge, weil ihr Innenraum durch keine Tür unterteilt war. Der beliebteste von allen, besonders bei den Fahrgästen, war mit Abstand der BDM 26, wegen seiner hervorragenden Laufruhe. Auch die BM 28/35 liefen verhältnismäßig ruhig, während bei verschiedenen Wagen der letzten Serien offenbar der Wurm drin gewesen sein muß. Der 888 zum Beispiel hat während der Fahrt derartig laut gedröhnt, daß man sein eigenes Wort nicht verstehen konnte und sich viel mehr in eine Fabrikhalle als in einen Straßenbahnwagen versetzt fühlte. Abhilfe war hier aus mir unbekannten Gründen kaum möglich, denn die Sorgenkinder wurden dem Bw so oft gemeldet, ohne daß die Kollegen dort eine Möglichkeit gefunden hätten, die störenden Geräusche abzustellen. Zeitweise liefen auf der Linie 3 mehrere Züge mit zwei U-Booten oder sogar mit zwei Bullen (diese übrigens schon vorher auf der 77 und 78). Dann wurde diese Behängung wegen angeblich zu großer Zuglänge von der Polizei untersagt, und es durfte jeweils nur ein Mitteleinstiegsbeiwagen in einem Zug laufen.

Trotz der Geräusche in manchem BM 28/37 hat es sich in allen diesen Wagen als Schaffner gut gearbeitet.

Der Typ BM 28/35: Ein abgestelltes U-Boot im Charlottenburger Straßenbahn-Betriebshof an der Königin-Elisabeth-Straße. (Sammlung Günther Schmidt)

Die Mitteleinstiegswagen

TM 31 U (3601–3700)

Auch mit diesen aus älteren Fahrzeugen umgebauten Wagen konnten wir, was die Fahr- und Anfangsgeschwindigkeiten anbelangte, keine Bäume ausreißen. Die TM 31 U hatten die schwachmotorigen 34-Kw-Motore, die allerdings später bei einigen Wagen durch 40-Kw-Motore ersetzt wurden. Auf Linien mit ausreichender Fahrzeit fuhren sich die Wagen gut, und ihr Wagenkasten war auch leichter als der beim T 33 U. Vor dem Krieg sind diese Wagen auf fast allen Ringlinien gelaufen, deren Fahrzeit großzügig bemessen war. Der Fahrgastwechsel, der nur durch den Mitteleinstieg abgewickelt werden konnte, geriet bei starkem Andrang etwas ins Stocken, wie bei allen Mitteleinstiegswagen. Die Laufruhe war normalerweise gut, denn es gilt für alle Wagen gleichermaßen,

Der Typ TM 31 U: Im Lichtenberger Betriebshof Siegfriedstraße der BVG-Ost stehen am 22. Mai 1958 zwei dieser Umbauwagen. (Aufnahme Maximilian Krafft)

Der Typ BF 42: Auf dem Britzer Damm hält im Sommer 1964 ein mit Badewannen doppelt behängter T-24-Wagen der Linie 27E an. (Deutsches Technikmuseum Berlin)

daß Fahrzeuge mit stark ausgefahrenen Spurkränzen oder auf abgefahrenen Gleisen mehr oder weniger stark schleuderten.

Die Badewanne

BF 42 (1601–1630)

Den Spitznamen Badewanne hatten diese Beiwagen von ihren für Berlin in jener Zeit ungewohnten runden Plattformen. Das Modell war einmal als Einheitswagen für die deutschen Straßenbahnbetriebe gedacht. Zunächst in Steglitz beheimatet, wurden sie nach dem Bau der Panzerzüge zum Betriebshof Britz überstellt und als Ergänzung des geringen Bestandes an B 50 auf der Linie 47 eingesetzt. Diese Beiwagen hatten den ruhigsten und leisesten Lauf aller Straßenbahnwagen in Berlin überhaupt, einschließlich der BDM 26. Allerdings waren beide Plattformen durch Zwischentüren abgeteilt, und die Belüftung war auch nicht besonders wirksam, so daß sie im Sommer ziemlich hohe Temperaturen im Wagen aufwiesen und auch sonst immer etwas stanken. Dennoch waren sie außerordentlich beliebt, weil im Wagen kaum Geräusche zu vernehmen waren und die Erschütterungen durch das Fahren von dem sehr robusten Fahrgestell beinahe aufgehoben wurden. Für den Fahrer der Panzerzüge machte es sich allerdings bemerkbar, ob ein TF 50 mit zwei BF 42 oder mit zwei B 50 behängt war, denn die BF 42 waren beträchtlich schwerer und die Zugkraft des Triebwagens daher deutlich geringer.

Nun ja, Nachteile hin, Nachteile her, zurechtgekommen sind wir auf der 47 auch mit den Panzerzügen. Das wirklich große Übel der Panzerzüge war, wie schon gesagt, die unheimliche Hitze im Fahrerraum während der Sommermonate, und manch einem Fahrer ist dabei schlecht geworden.

Der Typ TF 50: Formgebung der frühen fünfziger Jahre verkörpern am Hermannplatz ein Panzerzug von Gaubschat und ein Tempo-Matador. (Sammlung Günther Schmidt)

Panzerzüge

TF 50 (6300–6305)

Sie waren Gaubschats herrliche Nachkriegsschöpfung! In den ersten Jahren nach der Währungsreform, als die Abschaffung der Straßenbahn in Berlin zur Debatte stand, machte man sich Gedanken darüber, wie man den Wagenpark der Straßenbahn erneuern könnte, um wenigstens die ältesten Fahrzeuge ausmustern zu können. Dabei kam man auf die glorreiche Idee, die Neuköllner Firma Gaubschat mit dem Neubau von zunächst (Gott sei Dank nur) fünf Triebwagenkästen zu beauftragen, für die ein Hawa-Fahrgestell Baujahr 1920/29 verwendet wurde. Das Produkt dieser wahrhaft überragenden technischen Leistung in Berlin (Hamburg bestellte derweil nagelneue Großraumzüge) war ein richtiges Unikum.

Äußerlich sah das Gefährt modern aus, abgerundete Plattformen, Endeinstiege mit Schiebetüren, heruntergezogene Fahrgestellverkleidung (damit man die alten Beine nicht so sehen konnte) und für den Fahrgast und den Schaffner ein großer Fahrgastraum ohne Zwischentüren.

Aber wie es sonst da drinnen aussah? Leider war

alles im Wagen verstaut und verschlossen, was im Notfall dringend gebraucht wurde. Zunächst einmal die Trittleiter, um auf das Wagendach zu steigen, und dann war, was viel schlimmer war, die Leine des Scherenstromabnehmers mitten im Wagen unter einer Klappe verschlossen. Das hatte zur Folge, daß bei vollbesetztem Wagen sämtliche Fahrgäste zur Seite gebeten werden mußten, wenn der Schaffner wegen Oberleitungsarbeiten auf der Strecke mal den Stromabnehmer abziehen mußte. Er stand dann mitten im Wagen, und die Signale der Streckenarbeiter mußten durch eine dritte Person an ihn weitergeleitet werden. Welcher weltfremde Narr hatte sich so etwas ausgedacht? Natürlich hatte man in der Eile auch vergessen, für den Fahrer vorne eine Entlüftungsmöglichkeit einzubauen. Wer bei 30 Grad Außentemperatur, die durch die in den Fahrschalter hineinscheinende Sonne auf etwa 45 Grad erhöht wurde, einmal vom Hermannplatz nach Rudow gefahren ist, weiß, wie sich diese Unterlassung »moderner« Technik dann ausgewirkt hat. Das Schiebefenster vorn durfte nicht geöffnet werden, die Vordertür erst recht nicht, denn das zog unseren »lieben Kunden«, also wurde geschwitzt – und wie!

Dann hat natürlich das alte Hawa-Fahrgestell auch beim TF 50 im Schaukeln, Schlingern und Wippen genauso seine Schuldigkeit getan wie vorher bei den alten hohen Hawa-Wagen. Die Laufruhe war entsprechend, Zugkraft und Geschwindigkeit waren allerdings ausreichend. Diese Triebwagen waren bei den Fahrern nicht sonderlich beliebt, sind ihnen aber dafür bis zur Einstellung der Linie 47 erhalten geblieben und auch nur auf dieser Linie eingesetzt worden. Jedenfalls war ich immer erst einmal geschockt, wenn ein Panzerzug für mich an der Ablösestelle am Buschkrug auftauchte.

Die Beiwagen B 50 waren ein echter Neubau, sie hatten ebenfalls einen großen Fahrgastraum ohne Zwischentüren, und es hat sich als Schaffner ganz gut darin gearbeitet, obwohl auch sie zeitweise wie die Lämmerschwänze auf und ab wippten.

Das schönste am Panzerzug war, daß er genauso schön beim Anfahren und Bremsen geheult hat wie sein alter Vorgänger und besonders nachts schon von weitem zu hören war. So hatte auch er sein Gutes!!

Die Vierachser oder Maximum-Wagen

TD 02/25 (5207–5314) und TDS (5315–5436)

Vor dem Bau der T 24 waren diese vierachsigen Fahrzeuge am häufigsten in den Berliner Straßen anzutreffen. Sie hatten ihren Spitznamen von den patentierten »Maximum-Drehgestellen« mit unterschiedlich großen Rädern. Die Wagen stammten noch von den verschiedenen Straßenbahngesellschaften Berlins und sind alle noch mit offenen Plattformen gelaufen. Ihre ebenfalls vierachsigen Vorläufer waren die Triebwagen des Typs »Brandenburg«, deren Plattformen aber nicht mehr ver-

Die Typen TD und TDS: Innenraum eines Maximum-Wagens im Kriegsjahr 1944 mit Pappfenstern und nach dem Ausbau der Einzelsitzreihe. (BVG-Foto)

glast waren und die Ende der zwanziger Jahre ausgemustert wurden.

Die verschiedenen Arten der Vierachser unterschieden sich rein äußerlich durch die Fenster, hatten aber bei der BVG die gleichen Drehgestelle und die gleichen Motoren. Durch die Drehgestelle war die Laufruhe und die Kurvenläufigkeit viel besser, als bei den anderen Fahrzeugen. Das Problem, das sie manchem Fahrer aufgaben, waren indes ihre Bremsen. Einige Fahrschalter bremsten normal, bei anderen dagegen stand der Wagen schon beim vierten Bremskontakt, natürlich mit entsprechendem Ruck. Dann neigten die Wagen dazu, bei nassem Wetter und besonders im Herbst bei Laubfall beim Bremsen wegzurutschen. Der Verbrauch an Bremssand war enorm. Im allgemeinen waren die Vierachser trotzdem sehr beliebt, auch bei den Schaffnern. Nach dem Krieg wurde die Sitzreihe mit den Einzelsitzen aus den Wagen entfernt, damit es mehr Stehplätze gab und damit ein größeres Fassungsvermögen geschaffen werden konnte. Die Vierachser sind auch mit zwei Beiwagen gut gelaufen, und man kam eigentlich immer ganz gut mit ihnen zurecht. Auf dem Betriebshof Britz war natürlich auch eine beträchtliche Anzahl von ihnen stationiert und wurde auf den Linien 6, 15, 27 und 47E eingesetzt.

Bis zum Dezember 1954 sind die Wagen aus dem Verkehr gezogen und verschrottet worden, da Wagen mit Holzaufbauten für den Straßenverkehr nicht mehr zugelassen waren. Die Verkehrsbehörden haben ja stets schnell Argumente gefunden, wenn es galt, die Bewegungsfreiheit des Straßenbahnbetriebes einzuschränken. Die BVG hat es nicht einmal für nötig befunden, auch nur ein einziges Drehgestell dieser in Berlin über viele Jahrzehnte hinweg bekannten Straßenbahnwagen aufzuheben.

Im Ostteil der Stadt ist der Triebwagen 5274 in der Umbauart der BVG-Ost von 1950 als Museumswagen in Betrieb, während der Triebwagen 5256 zum gleichen Zweck in seinen Zustand zur Zeit der Gründung der BVG (gelb-weißer Anstrich) zurückgebaut wird. Es gibt also doch noch Vierachser in Berlin!

Die Hawa-Wagen

TF 20/29 (5500–5602) und B 21 (1285–1422)

Die ab 1921 gebauten Hawa-Triebwagen waren ein Produkt der bekannten Hannoverschen Waggonfabrik. Sie wurden zunächst mit einer kurzen Plattform und gleich als geschlossene Wagen ausgeführt. Beim späteren Umbau hat man dann die Plattformen verlängert, und an der Hinterplattform ist ein zweiter Einstieg eingebaut worden. Waren die Plattformen zuerst zu kurz, so gerieten sie nach dem Umbau etwas zu lang, und auf diesen Umstand ist wohl auch das charakteristische Wippen zurückzuführen, das diese Wagen bis zu ihrer Verschrottung beibehalten haben. Außerdem hatten sie ein Fahr- und Bremsgeräusch, an dem man sie schon erkennen konnte, wenn sie noch nicht zu sehen waren. Waren das Fahrgestell bzw. die Radkränze abgenutzt, was nach dem Krieg oft der Fall war, kam dann zum Wippen noch ein kräftiges Hin-und-her-Schaukeln hinzu, so daß man sich auf einen Fischkutter bei hohem Wellengang versetzt fühlte. Der Lauf der Wagen war sehr unruhig, aber gezogen haben sie gut und waren auch sonst recht robust. Daher gab es auch im Winter bei verschneiten oder verschmutzten Gleisen keine Schwierigkeiten beim Fortkommen. Auch von diesen Trieb- und Beiwagen ist kein Wagen übriggeblieben, auch in Ostberlin nicht, denn die BVG-Ost hatte ihre Hawa-Wagen bereits an andere Städte abgegeben.

Der Typ TF 20/29: Ein Hawa-Wagen mit Beiwagen B 24 vor der Abfahrt von der Neuköllner Elsenstraße zum Bahnhof Zoo, 1953. (Aufnahme Klaus Reineck)

Die Beiwagen hatten sehr kleine enge Plattformen, was den Fahrgastwechsel außerordentlich erschwerte. Geschaukelt und geschlingert haben sie genauso wie die Triebwagen. Im Gegensatz zu diesen hatten sie aber harte Holzsitze, was sich an den Bandscheiben mancher Fahrgäste sehr störend bemerkbar machte. Wurden Weichen oder Kreuzungen etwas schnell befahren, so klirrten die großen Scheiben, und die Fensterkreuze bewegten sich knirschend hin und her, so daß es den Schaffner grausen konnte, weil er den Zusammenbruch des gesamten Gefährts befürchten mußte.

Diesmal ohne Spitznamen

TF 13/25 (5443–5448, 5450–5495, 5605–5658, ehemalige Beiwagen)

Über die Wagen des Typs TF 13/25 ist eigentlich nicht viel zu sagen. Die Fahrzeuge waren leistungsfähig, und man konnte mit ihnen auch zurechtkommen, wenn sie doppelt behängt waren. Ein Wagen von ihnen ist als Museumsfahrzeug erhalten geblieben und hat seine ursprüngliche Wagennummer wiederbekommen. Die Laufruhe der beiden Wagen der Sonderbauart 5498 und 5499, die auf dem Betriebshof Britz eingesetzt waren, war nicht so gut wie die der anderen TF 13/25. Vielleicht hat das doch etwas am Hawa-Fahrgestell gelegen.

Der Typ TF 13/25: Die viersprachige Anschrift, die Umsetztüren und einen sachkundiger Beifahrer weist dieser Wagen 1950 am »Zoo« noch auf. (Aufnahme Willy Esch)

Tatra, Tram und Niederflur

Natürlich fahre ich heute noch so oft es geht mit der Straßenbahn, aber es sind ja immer nur dieselben Gesichter: Tatra, Tatra, Tatra und höchstens noch der neue Niederflurwagen der AEG. Die wunderbare Vielfalt meiner Kindheit und Jugend ist dahin, die gute alte Elektrische. Wenn man wenigstens noch Straßenbahn sagte oder wenigstens »Strab«, weil das irgendwie nach Straps klingt und wieder, siehe oben, ein wenig erotisch wäre – aber Tram …? Nein. Das klingt so nach Trampel.

Aber der Reihe nach und bitte nicht so negativ. Vom Niedergang der Straßenbahn in Westberlin ist zu erzählen, von ihrem Dahindümpeln im Osten der Stadt und vom neuen Höhenflug, der da kommen wird.

Früh begann in Westberlin das große Straßenbahnsterben. Mit dem 1. Juli 1954 gibt es auf dem Kurfürstendamm keine Straßenbahn mehr, sind die 76 und die 79 für immer eingestellt. Als Neuköllner tangiert mich das noch wenig, und ich zucke erst so richtig zusammen, als am 1. März 1961 die 88 nicht mehr fährt: Wiener Brücke – Steglitz, Schloßpark. Der bin ich nämlich oft begegnet, wie sie zumeist aus einem »Stube-und-Küche«- oder einem TM-31-U-Triebwagen und einem B-24-Beiwagen gebildet am Görlitzer Bahnhof oder am Innsbrucker Platz dahergezuckelt kam. Als der noch ein solcher war, ein richtiger Platz eben, von Häusern umschlossen, vor dem Bau der Stadtautobahn, und keine öde steinerne Fläche, über die man nur hetzt, um sie möglichst schnell hinter sich gebracht zu haben. Als die 88 noch über den Rasen fuhr, aus dem die ersten Berliner Krokusse, gelb und violett, herausschauten, gewärmt nicht nur von der Frühlingssonne, sondern auch vom U-Bahntunnel unter ihnen. Da bin ich fast jeden Tag dort umgestiegen, wenn ich mit dem 48er Bus von der FU gekommen war und mit dem 4er nach Hause wollte, nach Neukölln. Und mit der 88 bin ich immer nach der Kaisereiche in Friedenau zu »Steinke & Krauss« hinuntergefahren, um mir Loks und Wagen und Gleise für meinen »Trix-Express« zu kaufen. Der alte Steinke nämlich war draußen in Schmöckwitz der Nachbar meiner Oma und ist Beweis dafür, daß alles mit allem irgendwie zusammenhängt.

Noch schmerzlicher für mich aber waren der Tod der 6 (Neukölln, Elsenstraße – Richard-Wagner-Platz) am 1. Juli 1961 und der 26 (Spreewaldplatz – Tempelhof, Industriestraße) am 29. September 1963, vor allem aber der Linie 95 (Mehringplatz – Sonnenallee/Schwarzer Weg) am 2. Mai 1965. An dieser Endstelle

RADIO
MARMORHAUS
MERCEDES-BENZ
TELE FUN KEN
USA
PAA

Letzte Straßenbahnen auf dem Ku'damm. Über die Kreuzung mit der Joachimstaler Straße rumpelten nach dem 1. Juli 1954 keine Wagen mehr. (Aufnahme Dietrich Schnelle)

in der Sonnenallee hatte ich noch im Herbst zuvor lange in der Kälte gestanden, um nach meiner Schmöckwitzer Oma Ausschau zu halten. Endlich durfte sie wieder einmal nach Westberlin hinüber. Und noch heute sehe ich sie im schmalen Mauerdurchlaß stehen, schwer bepackt mit ihren Tüten und Taschen, im abgelegten dunkelgrünen Mantel meiner Mutter. An eine Taxe dachte damals keiner. Mit der 95 ging es zu uns nach Hause. Viele Male bin ich auch mit der 95 zur AGB gefahren, um mir Bücher auszuleihen, oder einfach nur so zum Halleschen Tor, um in die Hochbahn umzusteigen. Die 94, mit der man die Hochbahn am Kottbusser Tor erreichen konnte, war schon am 1. Oktober 1959 ein Opfer der Auto(bus)-Fetischisten geworden, und die 47 folgte als letzte der Neuköllner Linien am 1. Oktober 1966. Eine ihrer letzten Fahrten habe ich auf einem 8 -mm-Schmalfilm festgehalten. Die Karl-Marx-Straße ohne Straßenbahn – undenkbar eigentlich. Und noch heute fehlt sie mir, wie

Auf Linie 88 durch Schöneberg. Ein Stube-und-Küche-Wagen hält auf seinem Weg zur Wiener Brücke in der Hauptstraße/ Ecke Dominicusstraße (um 1960). (Kunst und Bild)

BAHNHOF NEUKÖLLN
ERNTE 23
ZIGARREN
KAJO
U
U

Großraumzüge. Der Neubautriebwagen 7001 mit dem Beiwagen 2001, gesehen von Willy Pragher vor dem Bahnhof Zoo am 16. Juli 1957. (Deutsches Technikmuseum Berlin)

Abschied von der Linie 47. Verkehrsgewühl rund um einen Panzerzug in der Karl-Marx-Straße am Bahnhof Neukölln, etwa 1960. (Kunst und Bild)

auch die 27 in der Hermannstraße. Vom Klassenzimmer der Albert-Schweitzer-Schule aus habe ich sie den Berg hochkriechen sehen. Über den Friedhof hinweg. Oder täuscht mich da die Erinnerung?

Bald war auch die Linie 75 mit ihren modernen Zügen von der Kantstraße verschwunden. Am 2. Oktober 1967 fuhr dann die letzte Elektrische in Westberlin, und zwar die 55 vom Zoo nach Hakenfelde. Oft bin ich mit ihr nach Hakenfelde rausgezuckelt zu meinen Verwandten in der Cautiusstraße. Tante Eva, Onkel Jochen, Püppi, Curt und Ilschen, Bärbel, Sabine und Stefan. Manchmal war ich schon frühmorgens unterwegs, um dort den ganzen Tag über beim Tapezieren zu helfen.

Hardenbergstraße, Otto-Suhr-Allee, Tauroggener Straße, Tegeler Weg und Siemensdamm, vorbei an der Grammestraße, wo Tante Trudchen wohnte, und am Siemens-Hauptgebäude, wo ich Teile meiner dreijährigen Gefängnis-, das heißt Lehrzeit, verbracht hatte. Stille Gedenkminute, bevor abgeklingelt wird. Weiter Richtung Spandau. Heute fährt da die U 7. »Noch jemand ohne Fahrschein?« Nonnendamm, Gartenfelder Straße, Haselhorst, an Juliusturm und Zitadelle vorüber, Falkenseer Platz und Neuendorfer Straße. Kasernen tauchen auf. Gott sei Dank mußte ich als Westberliner nicht zur Bundeswehr, es hatte also auch sein Gutes, unter dem Viermächtestatus auf der Insel zu leben, stolz darauf – wie Kennedy –, ein Berliner zu sein.

Die Brauerei schiebt sich ins Bild, dahinter ein Fußballfeld, der Platz des SSV, der sich oft erdreistet hatte, Tasmania 1900 zu schlagen, die Neuköllner also. Streitstraße mußte ausgestiegen werden.

Eine Ewigkeit also brauchte man, um mit der 55 vom Zoo nach Hakenfelde zu gelangen. Und wie als Kind, so war ich auch jetzt auf den freien Fahrersitz scharf, um in Ruhe meine Lehrbücher lesen zu können.

Klinkeplatz. Karl Klinke, das war jener preußische Soldat, der 1864 im Krieg gegen Dänemark mit einem schweren Pulversack auf dem Rücken losgelaufen war, um auf den Düppeler Schanzen ein Loch in eine Palisade zu sprengen. Zwei Füsiliere waren mit ihrer Lunte zur Stelle, und die Explosion riß eine große Lücke in den Palisadenzaun. Klinke, von einer gewaltigen Stichflamme erfaßt und zudem von einer dänischen Kugel getroffen, brach tot zusammen, während seine Kameraden die Festung erstürmten – ein deutscher Kamikazegrenadier.

Auf dem breiten Mittelstreifen geht es Hakenfelde entgegen. Fast schon ländlich ist es hier. An der Cautiusstraße aber stehen in Reih und Glied die Neubaublocks. Tante Eva wohnt gleich im ersten Block Parterre. Und seit vor Jahren einmal eine Baracke gebrannt hat, gute hundert Meter von ihren Fenstern entfernt, hat sie jetzt immer alle Papiere griffbereit, um bei einem neuen Großbrand nicht ohne Aus-

Abschied von der Straßenbahn am Bahnhof Zoo. Die Stirnansicht eines Verbundzuges vom Typ TM 36 am 1. Oktober 1967. (Aufnahme Günther Schmidt)

weis und Versicherungspolicen im Freien zu stehen. Ein Stückchen weiter wohnen Bärbel und Curt. Mit letzterem habe ich einen gemeinsamen Urgroßvater. Bei ihnen ist es sehr gemütlich, und mit Stefan, meinem jüngsten Patenkind, darf ich hinterm Johannesstift im Kinderwagen spazieren fahren. Abends gibt es Rotwein, und wir klönen bis in den Morgen.

Mit der Linie 55 in Spandau. Ein typischer Verbundzug auf dem Weg nach Hakenfelde in der Neuendorfer Straße, etwa 1965. (Sammlung Kurt Böttcher)

Und nun gab es keine 55 mehr. Westberlin ohne Straßenbahn – natürlich ein Grund für mich, in eine Stadt auszuwandern, in der die Straßenbahnen noch fuhren: Bremen beispielsweise. Dort bin ich dann als wissenschaftlicher Mitarbeiter der »Kommission für Verwaltungsreform« drei Jahre lang jeden Morgen mit der 2 von Sebaldsbrück zum Ostertor gefahren, wo wir unseren Dienstsitz hatten. Lang und breit waren sie, die 4xGtwE-Triebwagen von »Hansa«, also Gelenkwagen mit nur zwei Drehgestellen, deren Wagenkästen durch eine spezielle Mechanik in den Kurven gesteuert wurden. Für einen Berliner waren diese Gelenkwagen etwas Neues, und bei meiner ersten Fahrt war ich zu Tode erschrocken, als es meine Beine ganz plötzlich auseinanderriß. Ich hatte nicht gemerkt, daß der rechte Fuß auf dem festen Wagenboden stand, der linke aber auf einer Art Drehscheibe, mit der die unterschiedlichen Wagenkästen miteinander verbunden waren. Auch die Mentalität der Fahrgäste war gewöhnungsbedürftig, etwa Dialogen wie diesem zu lauschen, als sich zwei Rentnerinnen wiedertrafen:

»Moin.«

»Moin.«

»Die Frau Ascheregen, immer noch dieselbe ...«

»Tja ...«

»Die Frau Ascheregen, immer noch dieselbe ...«

»Tja ...«

»Tscha, nich ...«

»Ischa wohl nich die Möglichkeit!«

»Tscha, nich? Das sach man.«

Oder das Erlebnis, wo ein Fahrgast mittleren Alters bei der Abfahrt von der Haltestelle Steintor/Sielwall von der Tür, die der Fahrer vorn per Knopfdruck zu früh geschlossen hatte, eingeklemmt worden war. In Berlin hätte der Mann Zeter und Mordio geschrien und mit der Presse gedroht, hier in Bremen aber hing er ruhig und gefaßt bis zur nächsten Haltestelle halb drinnen und halb draußen, ohne auch nur einen Mucks zu sagen.

Wo immer ich dienstlich zu tun hatte, Freunde und Verwandte besuchte oder im Urlaub war, fuhr ich natürlich mit der Straßenbahn. In Bielefeld, Bochum, Bonn, Düsseldorf, Frankfurt am Main, Hannover, Karlsruhe, Kassel, Köln, Krefeld, Mannheim, München, Nürnberg, Stuttgart, Lissabon, Innsbruck und Wien. Aber wie die Knef hatte ich immer Sehnsucht nach meinem Berlin und seiner Straßenbahn. 1972 ging es dann zurück, ich wurde wieder Westberliner, das heißt, in der Terminologie der DDR: Bürger der politisch selbständigen Einheit Westberlin (WB), und als solche durfte man ja vor den Verträgen vom 3. Oktober 1972 gar nicht und am Anschluß daran auch nur mit einem Passierschein nach Ostberlin hinüber, wo es noch Straßenbahnen gab. Bis man aber einen Passierschein hatte, mußte man einen Antrag in doppelter Ausfertigung stellen (zumeist aber verschrieb man sich in seiner Aufregung mehrmals und füllte mindestens fünf Formulare aus) und zweimal zur Passierscheinstelle rennen. Um dies nun zu umgehen, verschaffte ich mir in Bremen einen Zweitwohnsitz bei einem Freund und konnte so einen der begehrten echten bundesdeutschen Reisepässe ergattern, mit denen es ja möglich war, ohne größere Umstände zum Tagesbesuch in die Hauptstadt der Deutschen Demokratischen Republik einzureisen. Nach inquisitorischen Kontrollen (»Machen Sie mal das rechte Ohr frei?«) und Zwangsumtausch, versteht sich, gab es dann Straßenbahn »satt« (wie man in Bremen sagt, wenn man für einen bestimmten Grundpreis so viel von einer Ware haben oder von einer Speise essen darf – Aal zum Beispiel –, bis man nicht mehr kann).

Im Straßenbahnmuseum. Dieser Panzerwagen von 1950 gehört seit 1966 zur Britzer Sammlung der BVG, die 1992 zum Verkehrsmuseum kam. (Deutsches Technikmuseum Berlin)

Geteiltes Netz. Als der »Osten« auch Frauen an die Kurbel ließ, wurden die Linien am 16. Januar 1953 zerrissen. Aufnahme in Lichtenberg, etwa 1959. (Deutsches Technikmuseum Berlin)

Die Straßenbahn als Aufbauhelfer. Zwei Arbeitstriebwagen der BVB mit Flachwagen bei der Enttrümmerung der Stalinallee am 11. April 1953. (Deutsches Technikmuseum Berlin)

Berliner Verkehr. Straßenbahnen, Busse und Limousinen stehen im Sommer 1960 auf dem Alexanderplatz; dort fuhr die letzte Tram im Januar 1967. (Deutsches Technikmuseum Berlin)

Reiste man über Friedrichstraße ein, kamen einem an der Weidendammer Brücke sofort die 22, 46, 70 oder 71 entgegen, deren Ziel Am Kupfergraben war, was man aber selten richtig lesen konnte, da die Zielanzeiger zumeist krumm und schief oder halb verdeckt im Kasten hingen. Hier hätte es meinen Freund Peter fast erwischt. Fährt er als West-, das heißt als Süddeutscher im geliehenen Pkw die Friedrichstraße hinauf und freut sich über die Straßenbahn, die ihm entgegenkommt. Hinter ihm im Wagen toben die Kinder, und er dreht sich einmal schnell nach ihnen um ... Da biegt die Bahn plötzlich nach links um die Ecke, und er rauscht voll in sie hinein. Alle haben's überlebt, einschließlich der DDR, und nach Bautzen ist er nicht gekommen, aber er hatte an die zehntausend Mark zu blechen. Das Wort Straßenbahn läßt ihn seither nur noch zusammenzucken.

Kam man von der Bornholmer Straße, nahm einen die 3 in Empfang, und man konnte sich schon hier am Straßenbahnfreilichtmuseum Ostberlin erfreuen. Natürlich war das hier nicht

Nach dem Mauerbau. Blick über den Zaun an der Bernauer Straße auf die neue Wendeschleife der BVB-Linien 4 und 13 in der Eberswalder Straße (1962). (Bundesbildstelle Bonn)

Lissabon, dafür waren die alten Züge zu abgewrackt und häßlich und hatten so gar keinen Charme, aber immerhin ... Und die Reko-Wagen waren wie hübsche kleine Spielzeugbahnen anzusehen.

Vom VEB Waggonbau Gotha kamen der T 57 und der B 57 als Zweirichtungsfahrzeuge. Kaum zu unterscheiden davon waren die unzähligen Trieb- und Beiwagen, die man im RAW Schöneweide rekonstruiert hatte (genau gesagt waren es 297 Trieb- und 392 Beiwagen). Vom Lowa-Werk in Johannisthal wurden 75 Triebwagen des Typs T 24 mit einem neuen Wagenkasten versehen (= T 24 U), die von einigen Berlinern als »Schweinebuchten« bezeichnet wurden. In meiner Erinnerung waren da öfter die Lampenschalen aufgegangen, hingen schaukelnd herunter und klapperten ganz fürchterlich. Meine Kinder hatten immer Angst, sie auf den Kopf zu kriegen. Jan Gympel[6] hat den Reko-Wagen der DDR als den »letzten Boten des bürgerlichen Zeitalters« ein schönes Denkmal gesetzt: »Von (...) Schick und Stromlinienästhetik fand sich bei den kurzen Reko-Wagen nicht viel. (...) Von außen erinnerten neben den Zierstreifen der Soloscheinwerfer, der Scherenstromabnehmer in seiner Frühform und der als Bekrönung der Wagenfront aufgesetzte Kasten für das Liniennummernschild an vergangene Zeiten. Noch nostalgischer stimmte der Blick ins Wageninnere (...). Nicht die Antisepsis von Arztwartezimmern, sondern die Behaglichkeit eines Durchschnittswohnzimmers war das gestalterische Leitbild dieses Ambientes (...).«

Hinzuzufügen wäre noch, daß es in den Reko-Wagen immer heftig nach Desinfektionsmit-

Lebendige Straßenbahn 1967. Zwei Züge der Linie 70 am U-Bahnhof Dimitroffstraße auf der Kastanienallee, ein Zug auf der Schönhauser Allee. (Aufnahme Heinrich Sander)

teln roch, ebenso wie bei meiner Schmöckwitzer Oma im Zimmer, so daß ich mich gleich beim Einsteigen wie zu Hause fühlen durfte. Und dann die Fahrt: diese einmalige Mischung von Rüttelsieb und Achterbahn. Auch hier versteht es Jan Gympel, die Dinge auf den Punkt zu bringen: »Freilich entsprach auch der Fahrkomfort längst vergangenen Zeiten. Statt elektrischer oder gar elektronischer Finessen boten die Reko-Züge noch Mechanik pur. Scheinbar übertrug sich jede Unebenheit im Gleiskörper, der kleinste Stein in den Rillenschienen, direkt auf die Passagiere. Durch nicht nur besonders enge, sondern nahezu alle Kurven fuhren die recht gemächlich dahinrumpelnden Wagen weniger, als daß sie ruckweise gestoßen wurden, dabei heftig scheppernd und jede einzelne Schraube einer Belastungsprobe unterziehend; das intensive Dröhnen der Motoren war markerschütternd, ihre Geräuschentwicklung – die von Heulen über Pochen und Rattern bis hin zu tiefem Brummen reichte – ohrenbetäubend. Empfahl es sich schon während der Fahrt, sich in den Wagen, die sich relativ stark aufschaukelten, auch im Sitzen festzuhalten, so war dies beim Stopp dringend geboten, erfolgte er doch

Ein Reko-Zug. Der nagelneue Wagen 3935 der BVB, rekonstruiert 1959 im Reichsbahn-Ausbesserungswerk Schöneweide, auf der Linie 46E. (Sammlung Günther Schmidt)

mit einem energischen Ruck.« Ja, so war es wirklich. Dem Sohn meiner Cousine Christine wurde bei längeren Fahrten in einem Reko-Wagen, etwa von Grünau nach Schmöckwitz, knapp zwanzig Minuten, immer furchtbar schlecht, und hin und wieder erbrach er sich sogar. Er war regelrecht seekrank geworden. Ich selber hatte stets Angst vor einer zweiten Bandscheibenoperation.

Für besondere Heiterkeit bei uns bornierten Westlern sorgten auch die Zahlboxen, die alsbald Schaffnerinnen und Schaffner ersetzten. Wie Lostrommeln hingen sie gegenüber den Einstiegen und verfügten über eine Reihe von Segmenten, vor denen eine Glasscheibe eingelassen war. Warf man oben in den schmalen Schlitz etwas hinein, konnte von kritisch kontrollierenden Mitfahrgästen sofort erkannt werden, daß man Hosenknöpfe und keine Alumünzen verwendet hatte. Wenn aber, dann bekam man dennoch, betätigte man gleichsam pumpend einen vorsintflutlichen Hebel, der die Trommel weiterdrehte, seinen Fahrschein ausgehändigt. Ich selber habe den So-

Zur Woltersdorfer Schleuse. Im September 1975 klettern Schüler in den abfahrbereiten Straßenbahnwagen und drängeln sich vor seiner Zahlbox. (Aufnahme Günther Schmidt)

zialismus nie geschädigt, ebenso aus der Angst vor Stasi wie Vopo heraus wie der eingebleuten gutbürgerlichen Werte wegen, mußte aber von meiner Schmöckwitzer Oma hören, daß es ihre sozialistischen Landsleute an solcher Moral mitunter fehlen ließen.

Zu Weihnachten wünsche ich mir diesmal einen Reko-Zug, das heißt, den T 57 und den B 57 als Modell von Fröwis.

In der Berliner Wirklichkeit gibt es ja keine Reko-Wagen mehr. Die letzten rumpelten am 2. Juni 1996 durch das Köpenicker Netz. »Zuletzt liefen die Reko-Wagen noch auf den Linien 60 (Friedrichshagen/Wasserwerk-S-Bahnhof Adlershof; Zweiwagenzüge in Zweirichtungsbauweise) und 68 (S-Bahnhof Köpenick-Alt-Schmöckwitz; Zweiachs-Triebwagen mit vierachsigem Großraum-Beiwagen!).«[7] Feierlich verabschiedet wurden sie auf Sonderfahrten nach Schmöckwitz.

Straßenbahn Schöneiche-Rüdersdorf. In eigener Werkstatt ist der Wagen 64 im Jahr 1969 rekonstruiert worden; ausgemustert wurde er 1989. (Aufnahme Horst Golzsch)

Da ist noch etwas, das ich erwähnen muß, wenn ich an meine Beziehung zur Straßenbahn denke. Nicht, daß sie mir das Leben gerettet hätte, das haben die ärztliche Kunst wie die höheren Mächte bewirkt, und auch an die Kräfte eines Amuletts habe ich nie glauben können, aber als ich vor einer schweren Operation im Krankenhaus lag, kam mein Sohn und stellte mir das 1:87-Modell eines Maximum-Triebwagens auf das Tischchen neben meinem Bett, um mich zum Spielen anzuregen, meine 86 immer hin- und herzuschieben, und zum Träumen. Und wirklich ist alles bestens verlaufen.

Schon gleich nach der Wende bin ich natürlich mit den beiden schönsten Museumsstraßenbahnen gefahren, die Berlin zu bieten hat: den »Überlandstraßenbahnen« von Friedrichshagen nach Rüdersdorf (heute die Linie 88)[8] und von der Woltersdorfer Schleuse nach Rahnsdorf (heute die Linie 87)[9]. Zur Passier-

Strausberger Eisenbahn. Diesen eigenartigen Namen trug die Überlandstraßenbahn zwischen dem S-Bahnhof und der Stadt Strausberg (1975). (Aufnahme Günther Schmidt)

scheinzeit wäre das sehr umständlich gewesen, weil man neben der »Hauptstadt« noch Kreise zu beantragen hatte, über deren genauen Verlauf man immer etwas im unklaren war. Mit der S-Bahn in Friedrichshagen angekommen, springt man die Treppe hinunter, überquert die Dahlwitzer Straße und läuft zur Wendeschleife der 88 hinüber.

1990 stand da noch ein Schöneweider Reko-Wagen, und als der dann auf besseren Feldbahngleisen durch Wald und Heide fuhr – ausgeschlagen, krumm und schief, Berg und Tal –, da hatte ich das Gefühl, beim Rodeo zu sein und auf einer bockenden Stierattrappe zu hokken. Auch als Test für Weltraumpiloten hätte sich die Schöneicher Straßenbahn bestens geeignet. Meine Begleiterin schrie so auf wie sonst nur im Flugzeug, wenn es durchs Gewitter geht. Erholt haben wir uns erst wieder bei der wunderschönen Wanderung von Rüdersdorf zur Woltersdorfer Schleuse, immer am Kalksee entlang, an dessen Ufer einige verfallene Bauten an die Zeit erinnern, »als Woltersdorf noch Hollywood war«[10] und hier Joe May solche monu-

Die Straßenbahn der Hauptstadt. Zwei Tatra-Züge sind in der Leninallee auf Linie 3 unterwegs zum S-Bahnhof Warschauer Straße; 1987. (Bild und Heimat)

mentalen Filme wie »Herrin der Welt« und »Das Indische Grabmal« in Szene setzte, mit seiner Frau Mia May in der Hauptrolle. In Woltersdorf sitzt es sich dann herrlich im Biergarten am Flakensee, und nach ein paar hundert Metern auf einem hohen Fußgängersteg über die Schleuse hinweg erreicht man die Endstelle der 87, die einen dann in 19 Minuten zurückbringt zur S-Bahn nach Rahnsdorf – auch heute noch in einem »grundinstandgesetzten« Gotha-Tw.

Und noch etwas mache ich öfter bei Ausflügen ins Umland: Im Anschluß an einen Besuch in Strausberg, das heißt nach Wanderungen vom Straus- zum Bötzsee, gibt es selbstverständlich noch eine Fahrt mit der Strausberger Straßenbahn (der Linie 89 im Kursbuch der Verkehrsgemeinschaft Berlin-Brandenburg). Seit Juni 1995 ist auch hier statt des Reko-Zuges ein Tatra-Triebwagen im Einsatz, und zwar einer vom Typ KT8D5CS mit einer Länge von 30 Metern[11].

Doch wieder zurück nach Berlin, zurück in die Hauptstadt der Deutschen Demokratischen Republik der siebziger Jahre. 1976 begann auch

Im Berliner Zentrum. Vom Hackeschen Markt fahren am 3. Oktober 1992 zahlreiche Linien im Fahnenschmuck durch den Osten der Stadt. (Aufnahme Bodo Schulz)

Sonnengelbe Tatra-Wagen. Auf dem Köpenicker Schloßplatz sind am 6. April 1996 schon zwei in Mittenwalde modernisierte Straßenbahnen zu sehen. (Aufnahme Bodo Schulz)

dernisierte Tatra-Zug wurde mit dem symbolischen Durchschneiden eines (sonnengelben) Bandes auf die erste Linienfahrt geschickt.«[15] Die Mittenwalder Gerätebau GmbH (MGB) verkündet in großformatigen Anzeigen das ganze Programm[16]: »Mittenwalde für Berlin: Straßenbahn-Modernisierung – 118 Triebfahrzeuge vom Typ T 6 A2 und 59 Beiwagen vom Typ B6 A2 werden es bis 1996 sein, die von der Mittenwalder Gerätebau GmbH instandgesetzt werden und nach umfangreicher Modernisierung der BVG übergeben worden sind. Damit weiter gilt: Zur Straßenbahn gibt es keine Alternative.« Als Neuerungen werden u. a. aufgeführt: Außenschwingtüren, gepolsterte Fahrgastsitze, optische und akustische Fahrgastinformation und Drehgestelle mit modernisierter Federung.

Als die Tram herangerollt ist, bin ich verwirrt. Zwar scheint es sich um ein gänzlich neues Modell zu handeln – sonnengelb statt orange die Farbe, rechteckig statt rund die Scheinwerfer vorn, und statt ewig verrutschter Bänder und viel zu kleiner Buchstaben in der Zielanzeige nun ein breites elektronisches Display –, aber dennoch ist es immer noch der alte Tatra-Kasten, und ich muß weiterhin mühsam nach oben klettern. Doch als der Wagen dann anfährt, singen die Motoren wohltuend leise, und ich habe das bekannte Berliner Gefühl, »als wennste schwebst«. Kaum glaublich, aber wahr: Es ist fast schon wie im ICE. Auch das Ambiente ist gemessen am vorherigen Zustand der Wagen geradezu feudal zu nennen, zumindest kanarienvogelbunt: »Gelb sind die Haltestangen, grün die normalen Bedienelemente und rot die Notbedienelemente. Die Seitenwände, die Decke mit den beiden Leuchtbändern und den darin integrierten Lautsprechern, der rutschsichere Bodenbelag sowie die glasfaserverstärkten, velourgepolsterten Kunststoffschalensitze auf Stahlrohrgestängen sind farblich aufeinander abgestimmt. Die Sitzbezüge selbst wurden in einem lebhaft bunten Muster gehalten, um möglichst wenig Anreiz für Farbschmierereien zu bieten. (...) Das Türenschließen wird durch ein akustisches Signal angekündigt.«[17]

Ich möchte wetten: Wer im modernisierten statt im originalen Tatra-Wagen durch Berlin fährt, bekommt ein Lebensgefühl, das um viele Grade positiver ist. So einfach ist es, Menschen glücklich zu machen. Vergessen wir die Millionen, die das gekostet hat.

Die gute alte Elektrische ist also auch in Berlin wieder im Kommen, und am zukunftsträchtigsten kommt sie uns als Niederflur-Tram mit der Typenbezeichnung GT6N daher. »Unter den tiefschürfenden Titel ›Tram tam tam‹ stellte die BVG umfangreiche Feierlichkeiten vom 26. bis 28. August 1994. Der Anlaß: die Inbetriebnahme der ersten vier Niederflur-Gelenkwagen für den Fahrgastverkehr auf der Straßenbahnlinie 20 (Eberswalder Straße – S-Bahnhof Warschauer Straße). (...) Damit hat in Berlin als 17. Stadt der Bundesrepublik (davon sechs in den neuen Bundesländern) endlich ein Straßenbahnfahrzeug mit niedrigem Wagenfußboden Einzug gehalten. (...) Die Haltestellen haben dabei einen 220 mm hohen Bahnsteig erhalten, so daß beim Einstieg nur ein Höhenunterschied von 80 mm zu überwinden ist.«[18] Nun denn, so ist mein Lebensabend endlich gesichert, und ich kann mich darauf einrich-

Eine Niederflur-Tram auf Linie 24. Der Zug nach dem Wedding biegt aus der Prenzlauer Promenade in die Wisbyer Straße ein; 27. März 1996. (Aufnahme Bodo Schulz)

ten, anders zu sterben als durch einen Sturz aus der Tatra-Tram. Taramtamtam! Und Berlin an 17. Stelle ... Was sind wir doch gut! Aber immer noch besser als die Plazierung von Hertha BSC beim Fußball, rechnet man beide Ligen zusammen – denn da kommt im Augenblick nur Platz 30 heraus (18 + 12; Stand 30. September 1996).

Doch wie Hertha BSC, so wurde auch die neue Superbahn zunächst einmal mit Hohn und Spott überschüttet, denn »leider wiederholte sich, was schon am ersten Einsatztag passierte: Mehrfach entgleisten die Züge ...«[19] Dennoch kann die Überschrift aus dem Straßenbahn-Magazin[20] nicht fett genug wiedergegeben werden: **Die Tram fährt wieder in den Westen.** Und im Text taucht auch das alte Zauberwort auf: Die Elektrische. Weiter heißt es: »Bereits im Jahre 1953 war die damalige Straßenbahnlinie 3 zum letzten Mal vom Prenzlauer Berg über die Bösebrücke nach Westen in den Wedding gefahren. Von 1967–1995 blieb die Straßenbahn dann völlig auf den Ostteil Berlins beschränkt. Heute verkehren über die Bösebrücke auf der um einen 2,7 km langen Neubauabschnitt verlängerten Linie 23 modernisierte Tatra-Züge von der Revaler Straße zum Louise-Schroeder-Platz, auf der neuen SL 24 zwischen Sulzfelder Straße und Louise-Schroeder-Platz modernste Niederflurgelenkzüge des AEG-Typs GT6N.«

Ich kann auch, denke ich, mit der 24 nach Friedrichsfelde fahren, und tue es spontan, um den Höhenflug mit den Niederflurtriebwagen selber zu erleben.

Bornholmer Straße verlasse ich die S-Bahn, die S 1. Oft tue ich das, um mit der S 8 oder der S 10 über den Nordring nach Ostkreuz und von dort weiter nach Friedrichsfelde zu kommen, wobei die Bösebrücke als Übergang dient. Dabei ist es immer so krachendvoll, daß man eigentlich eine längere Karriere als Profi in der American Football League brauchte: Selbst rempeln oder pausenlos angerempelt werden, das ist hier die Frage. Viele Zeitgenossen, insbesondere die männlichen Kids mit ihren umgeschnallten Rucksäcken, verhalten sich so, als ginge es um den letzten Flug aus dem eingeschlossenen Stalingrad. Heute aber kann ich den nördlichen Aufgang nehmen, und hier ist es lange nicht so voll. Im alten Bahnhofsgebäude riecht es sogar nach Lavendel und nicht, wie zu erwarten war, nach Erbrochenem, Urin und anderen Fäkalien. Welch Wunder in Berlin! Auch die alten Fahrkartenschalter sind noch vorhanden, den größten Teil füllt heute eine Croissanterie. Ein Stück ist noch über die Brücke zu gehen. Links unten dehnt sich eine riesige Baustelle. Das »Nordkreuz« soll hier entstehen, die kreuzungsfreie Einfädelung aller S- und Fernbahnlinien aus Süd, Nord, Ost und West. Ich frage mich, ob ich das noch erleben werde, daß hier die Züge wie auf einer irrwitzigen Modellbahn vorüberhuschen.

Die Bornholmer Straße ist eine lange Gerade, wie mit dem Lineal gezogen. Als ich sie in Richtung Westen hinunterblicke, erkenne ich die Haltestelleninsel der 23 und der 24. Es ist ein kleiner Bahnsteig, der mich an die Straßenbahn Bonn – Bad Godesberg erinnert. Das ist lange her, 1969, als ich im Bundespresseamt geforscht habe. Schön, daß Berlin so schnell den Anschluß an den modernen ÖPNV gefunden hat (ÖPNV – welch fürchterliches Wort für eine gute Sache). Ich bediene die Bedarfsampel, gelange sicher zur Straßenmitte und warte auf die neue Bahn, gespannt wie beim ersten Rendezvous, wenn man sich vorher nur per Bild gesehen hat. Die Gleise sind auf Beton verlegt, Schotter gibt es keinen und somit auch keine Kippen, Blechbüchsen und Trinktüten zwischen Schienen und Schwellen. Das habe ich noch nie zuvor gesehen und staune gehörig, hatte ich doch immer gedacht, das gehörte unauflösbar zusammen.

Da kommt die neue Schöne. Ich bin ein wenig enttäuscht von ihren Reizen, denn in Grenoble, Straßburg und anderswo bin ich Gesichtern begegnet, die mich wesentlich mehr fasziniert haben. Gleichviel, ich habe ja eine Monatskarte (zu DM 93) und fahre quasi umsonst.

Die Tür schwingt auf, und eine junge Frau schiebt einen Kinderwagen so mühelos heraus wie etwa aus einem Fahrstuhl. Voll cool, die neue Bahn. Echt geil, äih! Super! Wahnsinn!

Es gibt nur noch einen freien Sitz, gleich vorn in Fahrtrichtung links, auf einer Zweierbank. Ich quetsche mich hindurch und komme gegenüber einer jungen Frau zu sitzen, die richtiggehend klein und zierlich ist. Und obwohl ich nun ganz sicher auch kein Riese bin, nur 176 cm groß, weiß ich nicht, wohin mit meinen Knien, Beinen, Füßen. Ich habe wirklich nichts im Sinne außer Straßenbahn, und trotzdem riskiere ich in jeder Sekunde eine Anzeige wegen sexueller Belästigung, denn es ist völlig unmöglich, mit seinem Gegenüber nicht andauernd Hautkontakt zu haben, zumindest aber Hosen-, Rock-, Schuh- oder Strumpfkontakt. Jetzt verstehe ich, warum diese Züge 3 Millionen Mark gekostet haben: Eine solche kontaktstiftende Enge hat halt ihren Preis.

Auch mein zweites Aha-Erlebnis läßt nicht lange auf sich warten: Aha, hier drin sieht es genauso aus wie in den modernisierten Tatra-Zügen! Hellgrau dominiert, die Sitze sind graublau-schwarz gemuschelt und mit ihren gelben, blauen und roten Punkten hübsch anzusehen. Die knallgelben Haltestangen, waage- wie senkrecht reichlich angebracht, lassen an einen Gorillakäfig denken. Die BVG – Ihr Spezialist für Tiertransporte. Nun turnt man schön! An der Fahrerkabine lese ich, daß dieser Transporter zugelassen ist für: Stehplätze 94, Sitzplätze 58. Umgekehrt erschien es mir klüger. »Auskunft bei Halt« steht noch angeschrieben. Ich frage aber lieber nicht.

Als sich die Türen schließen, gibt es wie bei U- und S-Bahn ein kleines Konzert. Wir fahren los, gleiten dahin. Wunderbar. Über die Brücke geht es eingleisig hinweg, um genügend Platz für die Autos zu lassen, aber holprige Weichen hat es dennoch keine: Die beiden Gegengleise sind genial mit- und ineinander verschlungen. Es ist wirklich wie im ICE, nur daß wir viel schneller an Tempo gewinnen. Kaum sind wir aber über die Brücke hinüber und sehen links die alte Vor-der-Wende-Wendeschleife an der Björnsonstraße, da halten wir schon wieder, und nun folgt für mich die nostalgische Sensation des Tages: Der Fahrer kommt aus seiner Kabine heraus, hält ein kleines rotes Weicheneisen in der Hand und steigt aus, um die Weiche per Hand zu stellen. Das gibt es doch nicht! Doch, das gibt es.

Weiter geht es, von der Bornholmer wechseln wir in die Wisbyer Straße. Eine erotische Frauenstimme haucht die Haltestellennamen. Schade, daß die Dame nicht als Stewardeß mit uns an Bord gekommen ist. Als ich nach hinten in den Wagen blicke, kommt er mir viel enger vor, als ich das von außen angenommen hätte. Das liegt wahrscheinlich am Vergleich mit U- und S-Bahnwagen, wo immerhin Platz für 2 + 2 Quersitze ist, hier aber sind nur 2 + 1 möglich. Ein wenig klobig wirkt das Ganze auch durch die Kästen, unter denen sich Räder und Antrieb verbergen. Aber das ist halt der Preis der Niederflurtechnik.

Auf eigenem Bahnkörper geht es mit Transrapid-Schnelle voran (Gott verdamme diesen unnützen Scheiß von Schwebezug!). Die Schönhauser Allee mit ihrer Hochbahn taucht auf. Ärgerlich sind nur die langen Wartezeiten an den Ampeln. Auch beim schönsten Verkehr vergeht einem die Lust, wenn andauernd ein Zwangsinterruptus angesagt ist. Als wir auf dem Weg zur Kreuzung Prenzlauer Allee/Ostseestraße immer schneller werden, gibt es einen leichten Pfeifton an Bord, der mich an einen beginnenden Tinnitus denken und erschreckt in beiden Ohren bohren läßt. Ob wieder irgend etwas mit der neuen Technik nicht stimmt? Wird alles auseinanderfallen, bleiben wir auf freier Strecke liegen? Nein, werden wir schon nicht, und als kennte man meine Befürchtungen, wird mir per Elektronik immer wieder versichert »Wagen hält!«

Obwohl eingeborener Berliner, weiß ich so langsam nicht mehr ganz genau, wo ich jetzt bin. Zwar erscheinen im Display schön gelb und deutlich die Haltestellennamen, und auch die erotische Stewardeß macht weiterhin ihre Ansagen vom Band, doch für einen Ortsfremden ist das zu wenig: Ansagen über Umsteigemöglichkeiten gibt es nicht. Und die vermisse ich sehr, denn mit Schrecken merke ich, daß ich heute morgen mit schnellem Blick auf den Plan offensichtlich die 23 und die 24 miteinander verwechselt habe. Nun stecke ich irgendwo im tiefsten Weißensee. *Lost in France …* Der alte Schlager fällt mir wieder ein. Nun, so in Panik, daß ich die rote Notbremse ziehe müßte, gerate ich nicht, aber immerhin … Ich muß um 10 Uhr 15 im Hörsaal sein, um junge Menschen glücklich zu machen. Am allerglücklichsten wären sie natürlich, wenn ich hier verlorenginge und alles ausfallen würde. Ich höre Stimmen: »Warum fragst du denn nicht?« »Weil das unter meiner Würde ist.« Ich hoffe und bete, daß irgendwann einmal eine S- oder U-Bahn kommt. Wie ein verlorener Seemann nach dem Polarstern, so suche ich nach blauen oder grünen Schildern. Das Netz von U- und S-Bahn habe ich im Kopf, kenne fast alle Stationen in der richtigen Reihenfolge, wüßte also auf der Stelle Bescheid. So aber scheint mir die Sache hoffnungslos. Als Kind hätte ich jetzt geweint. Zumal die Gegend, durch die wir nun fahren, bestens für einen Kriminalroman geeignet ist: verlassene Straßen, zerhackte Häuserfronten, verfallene Gebäude, leere Fabriken, unübersichtliche Lagerplätze, Höfe voller Gerümpel, Schutt und Schrott, gewundene Gassen, die sich im Nichts verlieren. Hin und wieder gibt es verwinkelte Häuschen, originell verbaut, und ich muß an »David Copperfield« denken und an Tati's »Mein Onkel«. Ach so, in London bin ich plötzlich, in Paris. Auch Friedrich Dürrenmatts Geschichte kommt mir in den Sinn, »Der Tunnel«, wo eine vollbesetzte Eisenbahn abstürzt ins Nichts: »Gott ließ uns fallen, und so stürzen wir denn auf ihn zu.«[21] Die Urangst ist sekundenlang da: Wer bin ich, wo bin ich, was bin ich, was mache ich hier?

Das Naheliegende fällt mir nicht ein: einfach mitzufahren bis zur Endhaltestelle und dann ganz einfach retour bis zum Ausgangspunkt. Nein, ich verliere die Nerven und springe an der nächsten Haltestelle aus der Bahn. Friesickestraße lese ich. Nie gehört. Wer war Friesicke? Nur das Städtchen Friesack kenne ich. Das hier ist doch unmöglich Berlin. Ein Witzbold hat mich in eine ostdeutsche Kleinstadt gebeamt.

Die Rettung naht in Gestalt eines anderen Niederflurwagens, der gerade aus der Gegenrichtung kommt, und dessen Ziel Wedding/Louise-Schroeder-Platz lautet. Wedding – o vertrautes Wort, wie lieblich ist dein Klang! Ich hetze auf die andere Straßenseite und steige ein. Geschafft! Als ich wieder bei Sinnen bin und mir die Haltestellenschilder begucke, fällt mir auf, daß wir ja noch immer parallel zur 23 fahren, der Linie, die ich brauche, um zum

U-Bahnhof Frankfurter Allee zu kommen. In der Wisbyer Straße steige ich dann aus, gehe auf die andere Seite hinüber, warte auf die 23 und erreiche dann auch glücklich mein Ziel – um ein Erlebnis reicher, das man sonst nur im Urlaub und in fremden Ländern hat.

Ja, hätte ich doch nur die Netzspinne der Tram ebenso im Kopf gehabt wie die der S- und U-Bahn (oder wenigstens in der Tasche).

Betrachte ich sie nun – das Wort »Tram« will mir, wie wohl allen Berlinern, noch immer nicht so recht über die Lippen –, so läßt sich ob der ostereierbunten Farben schon wieder jauchzen. Im VBB-Atlas 96/97 zähle ich 28 innerberlinische Linien, wozu noch die oben beschriebenen drei Umlandlinien kommen. Das ist doch schon eine ganz stattliche Zahl (die 6 ViP-Linien des Berliner Vorortes »Landeshauptstadt Potsdam« nicht mal mitgezählt). Vom hohen Norden, von Rosenthal, kann man durchgehend mit der Elektrischen in den tiefsten Südosten, das heißt nach Schmöckwitz fahren, was sich, nennt man die Linien, die dazu nötig wären, wie beim Roulette anhört: 53, 23, 27, 26, 68. Nur aneinandergereiht kommt man dabei auf eine reine Fahrzeit von 118 Minuten, in Wirklichkeit sind es bei viermaligem Umsteigen und Warten auf die Anschlußlinie und oftmals von Autos blockierten Kreuzungen an die zweieinhalb Stunden, was etwa der Flugzeit nach Mallorca entspricht. Aber schön ist es doch, weil man so seine Stadt am intensivsten erfährt und viel mehr sieht, als nur die grenzenlos öde Freiheit über den Wolken. Und bald sollen ja viele neue Linien hinzukommen: *The tram goes west.*

Als Abonnent des »Signals«, herausgegeben vom Berliner Fahrgastverband IGEB, und der »Berliner Verkehrsblätter« teile ich natürlich den Zorn all derer, die dem Berliner Senat vorwerfen, die Straßenbahn nicht sonderlich zu mögen. Warum das so ist, läßt sich nur erahnen. Vielleicht, weil die U-Bahn-Baufirmen – die »Berliner Beton-Mafia« – die regierenden Parteien ansonsten nicht mehr so kräftig fördern könnten, vielleicht um die Stimmen der Autofahrer nicht zu verlieren und ewig das Lamento des ADAC auszulösen, man baute zuwenig Straßen und Autobahnen in Berlin, oder vielleicht auch nur als Folge des rigiden Anti-Straßenbahndenkens der Beamten und Politiker, wie es für Westberlin so typisch war und ist. Überschriften wie »Tram-Demontage schreitet voran«[22] (mit der These, daß man neue Fahrzeuge nicht in ausreichendem Maße bestellte und die Instandhaltung und Modernisierung des bestehenden Netzes bewußt vernachlässigte, um nach der 84 noch weitere Linien stillegen zu können), »Berlins Verkehrssenator legt offen, wie er den Tram-Ausbau blockieren will«[23] oder »›Anti-Tram-Politik‹ in Berlin«[24] bestimmen die Berichterstattung.

Nun schön, Narren wie mich, die am liebsten in jeder etwas größeren Straße eine Trambahn haben würden, kann man auch nicht ganz ernst nehmen, aber mehr wäre da schon besser, denn: »Strassenbahn fährt im Licht & Strassenbahn stinket nicht.« So ein Aufkleber. Vor allen Dingen ist sie aber auch viel billiger als eine U-Bahn. Für einen Kilometer U-Bahn lassen sich mehr als zehn Kilometer Straßenbahn bauen. »Tra(u)mstadt Berlin« lautet eine Überschrift im empfehlenswerten Berlin-Special des »Straßenbahn-Magazins«[25], wo darauf hingewiesen wird, daß Berlin in Deutschland noch immer das größte Tramnetz aufweist, und in Europa gleich nach Wien, Prag, Budapest und St. Petersburg rangiert. Etliche Netzerweiterungen hat man geplant, darunter die Verlängerung der von mir abgefahrenen Strecke bis zum U-Bahnhof Seestraße bzw. Eckernförder Platz, eine Linie Prenzlauer Tor – Alexanderplatz – Leipziger Straße – Kulturforum, eine Verlängerungsstrecke am Alexanderplatz, eine Neutrassierung am Hackeschen Markt, eine neue Linie Eberswalder Straße – Lehrter Bahnhof und eine neue Linie in der westlichen Friedrichstraße[26]. 120 Niederflurfahrzeuge sind von der BVG inzwischen bei ADtranz in Hennigsdorf bestellt worden, und Siemens bietet mit seinem »Combino« ein Konkurrenzfahrzeug an[27].

Gleichviel; was ich mich frage, ist dies: Gibt es heute in Berlin noch Kinder, die in fünfzig Jahren von der Straßenbahn der neunziger Jahre als ihrer großen Liebe sprechen werden? Wird eines von ihnen ein Buch schreiben, das so ähnlich ist wie dieses? Wird es sagen: Das Fahren mit der Straßenbahn war nicht der bloße Zweck, von A nach B zu gelangen, sondern war wie ein aufregender Film, war mal pralles Erleben und mal kontemplatives Dahingleiten durch meine Stadt, durch meine Zeit, durch meine Welt, war süßer Teil meiner Kindheit und Jugend, hat mich reich gemacht?

Das ist es, was ich hoffe.

Anmerkungen

1 Vgl. das Angebot an Straßenbahnmodellen der Fa. Wolfgang Fröwis im Katalog »Straßenbahnen in Berlin« der Fa. Hobby-Schult-Technik, Klosterstraße 13a, 13 581 Berlin, sowie den Katalog von Fredi Woytnik, Beifußweg 68A, 12357 Berlin.

2 Dies nach meiner Erinnerung und nach Wolfgang Kramer/Heinz Jung, Linienchronik der elektrischen Straßenbahnen in Berlin bis 1945, Arbeitskreis Berliner Nahverkehr e. V., Schriftenreihe Band 3, Berlin 1994.

3 Vgl. Sigurd Hilkenbach, Wolfgang Kramer, Claude Jeanmaire, Berliner Strassenbahnen. Die Geschichte der Berliner Strassenbahn-Gesellschaften, Brugg/Schweiz 1973; dies., Berliner Strassenbahngeschichte II. Ein Bericht über die Entwicklung der Strassenbahn in Berlin nach 1920, Villigen 1977; Wolfgang Kramer, Sigurd Hilkenbach, Claude Jeanmaire, Die Strassenbahnlinien im westlichen Teil Berlins. Der Wiederaufbau ab 1945 und die Stillegung im Westteil der Stadt bis 1967, 2 Bände, Erster Teil: Linien 1–54 und Zweiter Teil: Linien 55–199, Villigen 1986; Hans D. Reichardt, Die Straßenbahnen Berlins. Eine Geschichte der BVG und ihrer Straßenbahnen, Düsseldorf 1974; Berliner Verkehrs-Betriebe (BVG), 50 Jahre BVG (Redaktion Hans D. Reichardt), Berlin 1979; Straßenbahn Archiv 5 (Autorenkollektiv unter Leitung von Dr.-Ing. Gerhard Bauer), Berlin und Umgebung, Berlin 1987; Sigurd Hilkenbach und Wolfgang Kramer, 125 Jahre Straßenbahnen in Berlin, Düsseldorf 1990.

4 Vgl. Matthias Vollstedt, Straßenbahn im Modell, Alba-Modellbahn-Praxis Spezial, Düsseldorf 1996.

5 Siehe MIBA-Verlag, Nürnberg, Video-Vertrieb, Verkehrsknotenpunkt Berlin, Teil 3, Straßenbahn und U-Bahn.

6 Jan Gympel, Letzte Boten des bürgerlichen Zeitalters. Zur Ästhetik der Reko-Wagen, in: SIGNAL, 3–4/96, 14. Als weitere Lektüre sei empfohlen: Denkmalpflege-Verein Nahverkehr Berlin e. V., Rekowagen. Die etwas härtere Art, Straßenbahn zu fahren, DM 16,80.

7 Straßenbahn-Magazin 5/96, 7.

8 Vgl. die Festschrift »1910–1990. 80 Jahre Straßenbahn Schöneiche«, hrsg. von der Straßenbahn Schöneiche, sowie Berliner Verkehrsblätter, 42. Jahrgang, Nr. 11 (496), 11/95, 226, und SIGNAL 9–10/95, 10–13.

9 Vgl. neben den beiden letzten Veröffentlichungen unter 8 noch: Uwe Poppel und Wolfgang Kramer, 80 Jahre Woltersdorfer Straßenbahn, in: Berliner Verkehrsblätter, 40. Jahrgang, Nr. 5 (466), Mai 1993, 97.

10 Gerald Ramm. Als Woltersdorf noch Hollywood war, Woltersdorf 1993.

11 Vgl. neben SIGNAL 9–10/95, 11, noch Uwe Kerl, Neuer Straßenbahntriebwagen in Strausberg, in: Berliner Verkehrsblätter, 42. Jahrgang, Nr. 8 (493), August 1995, 147.

12 Vgl. Straßenbahn-Magazin Nr. 92 (April-Juni 1994), 92–120, und Nr. 101 (3/96), 22.

13 SIGNAL 5/96, 24. Vgl. auch Heft 5/94, 14–15.

14 -ky, Wie ein Tier, Berlin 1995; Horst Bosetzky, Paul Ogorzow, der S-Bahn-Mörder, in: 100 Jahre Karlshorst. Hrsg. vom Bezirksamt Lichtenberg von Berlin, Berlin 1995, 123–130.

15 SIGNAL 1/94, 8.

16 In: SIGNAL, 1/95, 17.

17 Peter Strehlau, Die Mittenwalder Verjüngungskur für Straßenbahnen, in: Berliner Verkehrsblätter, 41. Jahrgang, Nr. 8 (481), August 1994, 152–154.

18 Uwe Kerl und Jürgen Meyer-Kronthaler, Die neuen Straßenbahnwagen vom Typ GT6N, in: Berliner Verkehrsblätter, 41. Jahrgang, Nr. 10 (483), Oktober 1994, 201–202.

19 IGEB, Niederflur-Tram, in: SIGNAL 7/94, 15–16.

20 Helmut Walter, Ausbau bei S-Bahn, U-Bahn und Tram, in: Straßenbahn-Magazin 2/96, 27–31.

21 Friedrich Dürrenmatt, der Tunnel, in: Renate Nagel (Hrsg.), Abfahrt auf Gleis elf. Die schönsten Eisenbahngeschichten, München 1980, dtv 1539, 23–36

22 SIGNAL 9–10/92, 4.

23 SIGNAL 2–3/94, 9.

24 SIGNAL 9–10/94, 18.

25 Straßenbahn Magazin/Nahverkehr, Special, Ausgabe I: Berlin, Nr. 9601, München 1996, 72–104.

26 Vgl. SIGNAL 8/92, 9–10/92 und 2–3/94.

27 Der Tagesspiegel, Nr. 15 769, 9. 10. 1996, 8.

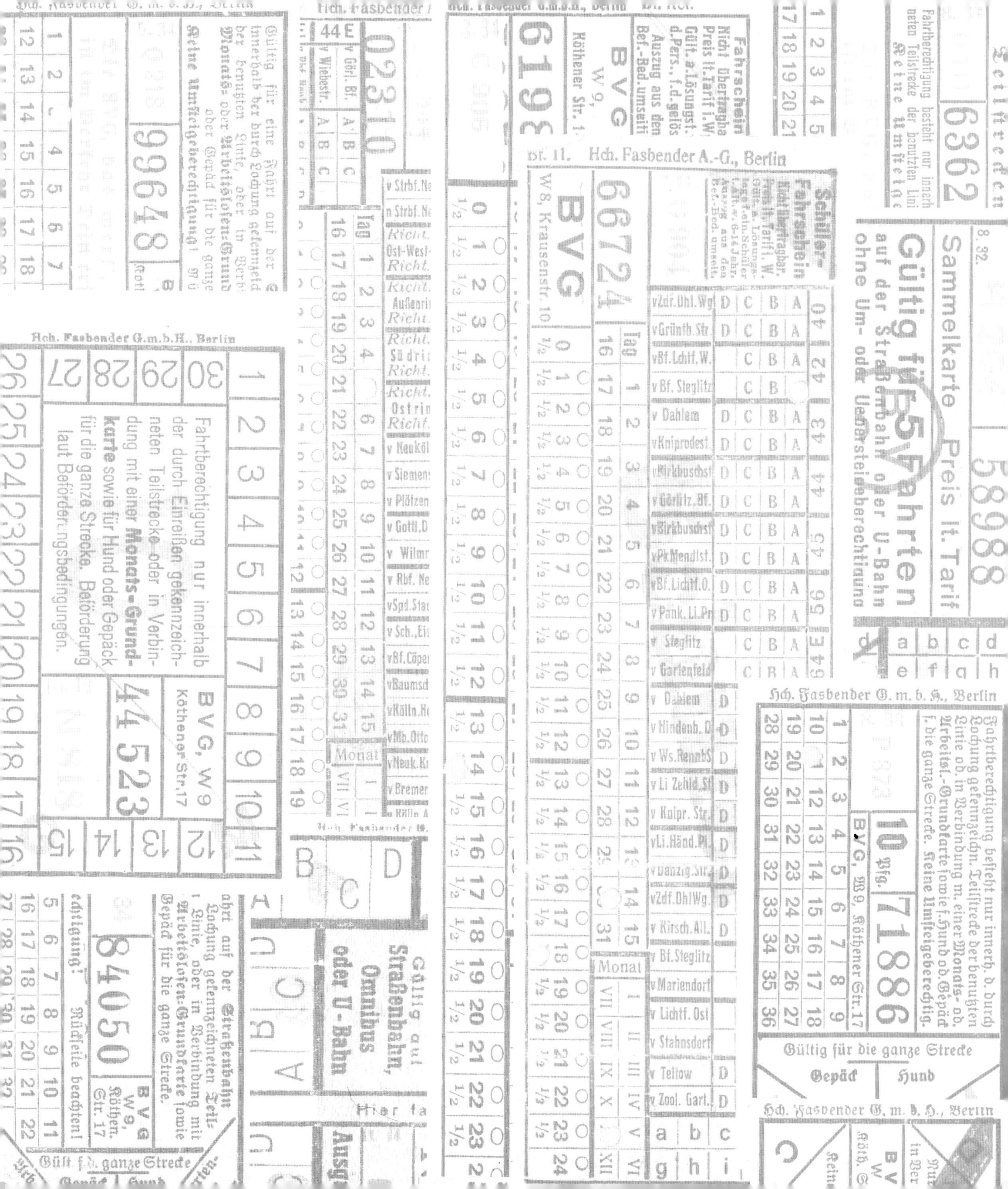

Hch. Fasbender G.m.b.H., Berlin
Bf. 11. Hch. Fasbender A.-G., Berlin
BVG W 8, Krausenstr. 10
66724
BVG, W 9 Köthener Str. 17
44 523
Fahrtberechtigung nur innerhalb der durch Einreißen gekennzeichneten Teilstrecke oder in Verbindung mit einer Monats-Grundkarte sowie für Hund oder Gepäck für die ganze Strecke. Beförderung laut Beförderungsbedingungen.
Sammelkarte Preis lt. Tarif
Gültig für 5 Fahrten auf der Straßenbahn oder U-Bahn ohne Um- oder Übersteigeberechtigung
58988
Hch. Fasbender G. m. b. H., Berlin
10 Pfg. 71886
Gültig für die ganze Strecke
Gepäck Hund
84050
Gültig auf Straßenbahn, Omnibus oder U-Bahn
Schüler-Fahrschein
Monat